ANNALES DE GÉOLOGIE

ET DE PALÉONTOLOGIE

PUBLIÉES SOUS LA DIRECTION

DU

MARQUIS ANTOINE DE GREGORIO

13. Livraison

(Janvier)

CHARLES CLAUSEN
TURIN — PALERME
—
1894.

ANNALES DE GÉOLOGIE ET DE PALÉONTOLOGIE
PUBLIÉES À PALERME SOUS LA DIRECTION
DU MARQUIS ANTOINE DE GREGORIO
13. Livraison — Janvier 1894.

DESCRIPTION DES FAUNES TERTIAIRES DE LA VÉNÉTIE

FOSSILES DES ENVIRONS DE BASSANO

SURTOUT DU TERTIAIRE INFÉRIEUR

DE L' HORIZON À CONUS DIVERSIFORMIS DESH.

ET SERPULA SPIRULAEA LAMK.

(RECUEILLIS PAR M. ANDREA BALESTRA)

PAR

LE MARQ. ANTOINE DE GREGORIO

CHARLES CLAUSEN
TURIN — PALERME

1894

PRÉFACE

Comme j' ai dit dans ma note " Su tal. foss. eoc. dint. Bassano , (Nat. Sic. v. 9, 1890), le bassin tertiaire Vicentin est une mine inépuisable de fossiles dans laquelle les fouilles sont toujours couronnés par des splendides résultats.

M.ʳ Andrea Balestra vient de faire des nouvelles récoltes de fossiles en plusieurs localités des environs de Bassano qui offrent un intérêt particulier à cause des rapports intimes avec d'autres gisements fossilifères du Vicentin.

Il a eu l'obligeance de m'ennoyer ces fossiles en comunication en m'autorisant à les décrire.

Les localités d'où ils proviennent sont dix, savoir : S. Michele, S. Bovo, Lavacille, Romano, Valle Manin, Due Santi, Val Rovina, Prinà, Cava Brocchi, Cruccolo. — Le roche est ordinairement un tuf basaltique coquillier. Quelquefois c'est une marne quartzeuse , plus rarement une marne calcaire. La roche en certains endroits (Lavacille) ressemble à celle de Ciupio (S. Giovanni Ilarione) mais elle est beaucoup plus résistente ; en certains autres endroits (S. Bovo) elle ressemble extrêmement à celle de S. Gonini et Gnata.

Il faudrait naturellement pouvoir disposer d'un plus grand nombre de fossiles et d'avoir examiné les stratifications " in situ „ pour se former une idée vraiment exacte de l'âge des différentes localités. Toutefois il me paraît qu'on peut bien assérer que la faune de S. Bovo, Lavacille, Romano et Valle Manin est extrêmement analogue à celle de S. Gonini Biaritz, Priabona. Celle de S. Michele est intermédiaire entre celle-ci et celle de Castelgomberto ; c' est avec celle-ci qu'elle a la plus grande affinité. La faune di Valrovina et Prinà , en jugeant d'après le restreint nombre de fossiles que j'ai eu sous mes yeux, me paraît franchement éocénique. La faune de Cava Brocchi et de Cruccolo me paraît plus récente, peut être miocène moyen; mais je ne puis rien affirmer, parce que je n' en ai examiné que quelques fossiles non bien conservés et non caractéristiques. Il pourrait bien arriver qu'on dût la synchroniser avec celle de S. Michele, qui paraît plus ancienne ou bien à celle de Asolo (Forabosco) qui est plus jeune et appartient au niveau à *Cardita Iouanneti Bast.*

Ce qui est très intéressant c'est le développement du facies à gros peignes, qui est plus caractéristique du tertiaire supérieur que du tertiaire inférieur.

Je dois me borner à donner quelques renseignements à vol d'oiseau sur la stratigraphie des différentes localités d'après les lettres de M.ʳ Balestra, car il y a longtemps que je n'ai été à Bassano et lorsque j'y allai j'ai dû me limiter à traverser la localité en voiture.

S. Bovo est une colline qui est formée par trois assises éocéniques. Valle Manin est au pied de S. Bovo. En montant sur celle-ci (où est le Sanctuaire dédié au Saint omonyme) en partant de Valle Manin on rencontre la pouddingue de Laverda, le plan de Priabona, celui di S. Ilarione et même celui de Spilecco. Les assises sont en partie verticales , en partie très inclinées et superposées , leur inclinaison est toujours vers le Sud. Ces deux localités sont à droit du Brenta.

Les collines de Romano sont à gauche du fleuve, on y voit affleurer les assises de S. Bovo, mais en des endroits limités. Les fossiles qu'elles contiennent sont en très mauvais état de conservation. Les couches sont inclinées vers le Nord.

Lavacille est un vallon peu loin de S. Michele, qui est très intéressant à cause de ses tufs vulcaniques et ses coulées basaltiques, et surtont à cause de ses beaux fossiles.

Cruccolo est un petite colline d'Angarano près de Cava Brocchi.

S. Michele un petit village près d'Angarano et peu loin de Valrovina; il s'étend sur plusieurs petites collines.

Toutes ces collines forment un tout ensemble et se prolongent jusqu'au pied des " Prealpi „ Les basaltes, les tufs basaltiques et les roches sédimentaires s'y alternent.

" Cava Brocchi „ est une mine de pierre grossière qui est exploitée par des constructions et des remparts de fleuves. C'est une mollasse tantôt grise tantôt bleuâtre dans laquelle les fossiles sont rares et, à cause de la dureté de la roche, presque toujours en mauvais état de conservation ou cassés. Audessus de cette roche on rencontre le niveau à *Scutella subrotunda* et un calcaire à nullipores. Audessous on retrouve au contraire un calcaire blancheâtre avec des petites nummulites, quelques rares peignes et quelques huîtres.

Je ne rapporte ici le catalogue des fossiles miocènes de Asolo, que j'ai décrits dans ma note sur les fossiles de l'horizon a *Cardita Iouanneti*, mais celui sur les fossiles de la zone à *Cerithium combustum* provenant de plusieurs localités d'Angarano, qui est un village tout près de Romano.

1. *Cypraea splendens* (Grat.) Fuchs. (Salcedo Gaas).
2.   „   *angusta* Fuchs. (Sangonini).
3.   „   *marginata* Fuchs. (Sangonini).
4. *Voluta elevata* (Sow.) Fuchs. (Gnata, Salcedo Gaas etc.).
5. *Turritella Archimedis* Brongt. Fuchs. (Roncà).
6.   „   *incisa* Brongt. Fuchs. (Salcedo Roncà).
7.   „   *asperula* Brongt. (Salcedo Roncà).
8. *Turbo scobina* Brongt. (Roncà).
9. *Cerithium corrugatum* Brongt. (Roncà).
10.   „   *Maraschini* Brongt. (Roncà).
11.   „   *combustum* Brongt. (Roncà).
12.   „   *Meneguzzoi* Fuchs. (Salcedo).
13. *Strombus Fortisii* Brongt. (Roncà).
14. *Ranella Hörnesi* Fuchs. (Salcedo).
15. *Cassis striata* (Sow.) Brongt. (Roncà).
16. *Fusus subcarinatus* Lamk. v. *roncanus* Brongt. (Roncà).
17. *Fasciolaria lugensis* Fuchs (Salcedo).
18. *Eburna Caronis* Brongt. (Salcedo Roncà).
19. *Serpulorbis limoides* (Bell.) Scaur. (Lugo).
20. *Pleurotomaria* sp.
21. *Conus diversiformis* Desh. (Salcedò Roncà).
22.   „   *alsiosus* Brongt. (Salcedo Roncà).
23. *Tritonium Delbosi* Fuchs (Ph. 9, f. 7-8) avec l'ouverture plus allongée, les tours subanguleux, les côtes plus érigées et variqueuses.
24. *Ficula condita* Brongt. (Salcedo Roncà).
25. *Natica auriculata* (Grat.) Fuchs. (Salcedo Sangonini Roncà).
26.   „   *vulcani* Brongt.? (Roncà).
27.   „   *perusta* Brongt. (Roncà).
28.   „   *angustata* Grat. (Gaas).
29.   „   *Pasinii* Bayan (Roncà).
30.   „   *scaligera* Bayan (Salcedo Roncà).
31. *Melania Stygii* Brongt.
32. *Diastoma costellata* Lamk. sp. (Roncà Salcedo).
33. *Dentalium* sp.

34. *Crassatella neglecta* Michtti Fuchs. (Gnata).
35.   „   *ponderosa* Nyst. in Shaur. (Lugo).
36.   „   *trigonula* Fuchs. (Salcedo Dego).
37. *Cyrena Baylei* Brongt.? (Roncà).
38. *Cytherea erycinoides* (Lam.) Brongt. (Roncà).
39. *Venus Proserpina* Brongt. (Roncà).
40. *Psammobia pudica* (Brongt.) Shaur. (Lugo).
41. *Mactra sirena*? Brongt. (Roncà).
42. *Nucula similis* (Sow.) Shaur. (Lugo).
43. *Cardium anomale* Math. Fuchs. (Salcedo Sangonini).
44.   „   *Pasinii* Shaur. var. *genuina* Shaur. (Lugo).
45.   „   *asperulum* (Lam.) Brongt. (Roncà).
46.   „   *Poleanum* Shaur. (Poleo) (cette espèce paraît plutôt un Arca ressemblant à l'*A.Pandorae* Brongt. Fuchs).
47. *Pecten Meneguzzoi* Bayan (San G. Ilarione).
48. *Ostrea* (v. flabelluliformis Shaur. (Lugo).
49. *Solen plicatus* Shaur. (Lugo).
50. *Terebratula* sp.?
51. *Porites* sp.?
52. *Turbinolia appendiculata* Brongt. (Roncà).
53. *Parasmilia multilobosa* (Bell.) Shaur. (Lugo).

Je donne ci-après le catalogue des espèces passées en revue en ce livre. Je les ai disposées en un tableau, de sorte qu'on puisse a coup d'oeil se former une idée relativement exacte des différents gisements et des rapports des ces faunes entre elles et avec celles de localités plus ou moins éloignées.

	S. Michele	S. Bovo	Lavacille	Romano	Valle Manin	Val Rovina	Primi	Due Santi	Cava Brocchi	Cruecolo	AUTRES LOCALITÉS
Orbitoides papyracea (Boub.) Gümb.											
Var. Fortisi		+		+							Biaritz etc. etc.
Orbitoides (Actinocyclina) subradiata											
Cat. sp.				+							Priabona etc.
» ephippium (Schlot.) Gümb.		+									Biaritz etc.
Operculina (Trilla) ammonea Leym.											
Var. Romanensis De Greg.		+		+	+			+			Biaritz etc.
Nummulites laevigata (Brug.) D'Arch.		+		+							Avesa, Roncà etc.
» nummularia Brug. sp. Var.											
Dufrenoyi		+				+	+				Biaritz etc.
» Ramondi (Defr.) D'Arch.		+		+							Biaritz etc.
» granulosa D'Arch. emend.		+				+					Biaritz etc.
» perforata (Den.) D'Orb.		+						+			Éoc. Paris.
» variolaria (Lamk.) D'Arch.				+	+	+					
» Lucasana (Defr.) D'Arch.				+							
Trochosmilia varicosa Reuss	+										Crosara.
» stipitata Reuss		+									Crosara.
Placosmilia bilobata D'Arch.		+									Eoc. de S. Ilarione.
Pattalophyllia subinflata (Cat.) D'Arch.		+									Eocène de Costalunga
Stylophora conferta Reuss	+										Montecchio Maggiore
Rabdophyllia sp.	+										
Cidaris (Leiocidaris) Verneuilli D'Arch.					+						Inde, Albona, Marostica etc.
Psammechinus Biaritzensis Cat.		+									Biaritz, Montecchio.
Caelopleurus equis Val.		+									Biaritz etc.
Echinocyamus Annoni (Mer.) Ag.		+									Biaritz etc.
Echinolampas subsimilis D'Arch.		+									Biaritz.
Echinolampas sp.				+	+						
Ilarionia Beggiotoi Laub.		+									S. Ilarione.
Euspatangus multituberculatus Dam.		+									Schio.
Schizaster globulus Dam.		+									S. Ilarione.
Pentacrinus subbasaltiformis Mill.						+					Biaritz.
Teredo vermicularis Desh. aff.											Priabona.
Clavagella sp.											
Panopaea subrecurva Schaur.		+	+	+	+						Laverda.
» Mut. Maninensis et captiva De Greg.					+						
» declivis Michtti					+						Dego mioc. inf.
Solen (Latosiliqua) plicatus Schaur.	+										Loverda, Bolca etc.
» » Mut. subregularis De Greg.	+										
Solecurtus Deshayesi Desm.											Eoc. Paris.
Psammobia pudica Brongt.					+						S. Gonini.
Pinna margaritacea Lamk. Var. sub laevigata					+						Eoc. Paris.
Lucina grata Defr.			+								Eoc. Paris.
» Bovensis De Greg.		+									Schio.
Pholadomya Michelensis De Greg.	+										Eoc. Paris sp. aff.
» koninchii Nyst. Var. Maninensis De Greg.					+						Dego sp. aff. et Eoc. Paris
Crassatella neglecta Michtti			+								Mioc. inf.
» sulcata Brand. sp. Var. Lavacillensis De Greg.			+								Eoc. Paris et Sangonini
» trigonula Fuchs			+								S. Gonini.
» Carcarensis Michtti					+						Dego.
Chama calcarata Lamk.				+							Eoc. Paris.
Pectunculus sp.		+									

	S. Michele	S. Bovo	Lavacille	Romano	Valle Manin	Val Rovina	Prinà	Due Santi	Cava Brocchi	Cruccolo	AUTRES LOCALITÉS
Astarte corbuloides M.chtti			+								Mioc. inf. Pareto. . .
Cytherea suberycinoides Desh.			+								Eoc. Paris.
» dubia Michtti					+						Mioc. inf. Dego.
» intermedia Michtti	+										Mioc. inf.
Cyprina compressa Fuchs			+		+						S. Gonini.
» brevis Fuchs			+								S. Gonini.
Cardita Laurae Brongt		+	+								S. Gonini.
Cardium fallax Michtti		+	+								Dego.
» anomale Math. Var. genuina Schaur.		+	+								Lugo.
» perplexum De Greg.			+								
Vulsella angusta Dech.					+						Eoc. Paris.
Spondylus cisalpinus (Brongt.) Fuchs		+									Castelgomberto.
Ostrea plicata Lamk.		+									Eoc. Paris.
» Michelensis De Greg.	+										Biaritz sp. aff.
Plicatula Bovensis De Greg.		+				+					Eoc. S. Ilarione.
Pecten arcuatus Brocc.	+	+		+	+						S. Gonini.
» Parisiensis D'Orb. Var.Bovensis De Greg.		+		+							Eoc. Paris.
» Meneguzzoi Bayan	+										Eoc. S. Ilarione.
» optatus Desh.		+									Eoc. Paris.
» palmatus (Lamk.) Goldf.	+										Mioc. Rhone.
» verrucopsis De Greg.	+										
» deletus Michtti type	+	+								+	Mioc. inf.
» Mut. solariopsis Desh.									+		
» Mut. Boueiformis De Greg.								+			
» Mut. postprotractun Desh.	+								+	+	
» Mut. bisdepressum De Greg.	+									+	
Pecten Cruccolensis De Greg.										+	
Pecten sp.								+			
» Laudunensis Dech.					+						Eoc. Paris.
Pecten (Amussium) cristatum Bronn?									+		Plioc. et Mioc.
» Var Cavabrocchiensis Degr.									+		Mioc. inf.
Dentalium absconditum Desh.			+								Dego.
» simplex Michtti				+							
Cypraea media Desh Mut. Fuchsi De Greg.				+							Eoc. Paris.
» Mut. turgidiuscula De Greg.				+							
» Mut. propeangusta De Greg.				+							
» marginata Fuchs				+							S. Gonini.
Fusus polygonus Lamk. Var. raricostatus De Greg.			+	+							Roncà, Eoc. Paris.
Fusus (Costulofusus) scalarinus Lamk. Var. Hilarionis De Greg.			+								Eoc. Paris.
Pleurotomaria sp.			+								Rrendola.
Conus diversiformis Desh.											Eoc. Paris.
» alsiosus Brongt. Var.Lavacillensis De Greg.				+							S. Gonini.
Triton (Semiranella) Valrovinensis De Greg.						+					Eoc. Paris.
» bicinctum Desh.				+							Castelgomberto.
Strombus irregularis Fuchs.	+										Castelgomberto.
Natica auriculata (Grat.) Fuchs.				+							Castelgomberto.
» crassatina Lamk.	+		+								S. Gonini.
» scaligera Bayan			+								
» sp.				+							S. Gonini.
Turbo Asmodei Brongt	+	+									
» sp.		+									

	S. Michele	S. Bovo	Lavacillo	Romano	Vallo Manin	Val Rovina	Priná	Duo Santi	Cavn Brocchi	Cruccolo	AUTRES LOCALITÉS
Turbo elatus Fuchs	+										M. Viale.
Trochus Lucasianus Brongt.	+	+									Castelgomberto.
Turritella gradataeformis Shaur.		+									Priabona Castelgomberto
» carinifera Desh. Var. subnova De Greg.		+									Eoc. Paris.
» imbricataria Lamk.				+							Eoc. Paris.
Turritella sp. n.				+							
Cerithium sp.		+									
» lamellosum Brug.			+								Eoc. Paris.
Delphinula scobina Brongt.		+									
» latesulcata De Greg.	+										Castelgomberto sp. aff.
Voluta elevata (Sow) Edw. Var. normalis De Greg.			+								S. Gonini.
Rostellaria ampla Brand. Mut. Lavacillensis De Greg.			+								Brendola.
Serpula spirulaea Lamk.		+									Biaritz.
Balanus pictus (Munst.) ritt.								+			Falunien Ipswich.

RHIZOPODA

Orbitoides papyracea (Boub.) Gümb. Var. Fortisi d'Arch.

Pl. 1, f. 1-3 (f. 1 gross. trois fois, — f. 2 gross. quatre fois et demi, f. 3 gross. trois fois et demi) S. Bovo.

1832. *Nummulites papyracea* Boub. Boubé Bull. Soc. Géol. France p. 445.

Orbitulites Pratti Mich. (1840-7) — *Orbitulites submedia* D'Arch. (1846). — *Nummulites umboreticulatus* Schaf. (1846). *Orbitoides papyracea* D'Àb. (1847). *Orbitulites discus* Rüt. (1848). — *Orbitolites Fortisii* D'Arch. (1850).— *Orbitolites submedia* Rouault (1850). — *Orbitoides Pratti* Carp. (1880). — *Orbitulites Parmula* Rüt part. (1850). — *Hymenocyclus papyraceus* Bronn (1853). — *Orbitulites mummiforme* Cat. (1856). — *Orbitulites Roncana* Cat. (1856).— *Hymenocyclus umbo* Schaf. (1863). — *Hymenocyclus cymbalus* Schaf. (1865). — *Orbitoides discus* Kauf. (1867).

C'est une des espèces plus remarquables et plus caractéristiques d'Orbitoides. Préalablement j'avais adopté le nom de O. *Fortisi* d'Arch., car M.ʳ D'Archiac (Mém. Soc. Géol. France 2 sér. v. 3, pl. 8, f. 10-12) a bien décrit et figuré cette espèce, mais en suite j'ai adopté l'opinion de M. Gümbel (1868 Beitrage Foraminiferenfauna p. 112) en me servant du nom de Boubée. Comme c'est M. Gümbel celui qui a étudié avec beaucoup de soin cette espèce, je propose de réunir son nom à celui de Boubée. En outre comme nos exemplaires correspondent parfaitement à la description et à la figure de M. D'Archiac, je crois qu'il est utile de conserver le nom donné par cet auteur à titre de variété. Les exemplaires de D'Archiac provenaient de Biaritz. C'est une espèce très répandue, surtout dans le Vicentin. Elle a été étudiée aussi par Mʳ Carpenter (Foram. pl. 22, f. 2, 3.)

Loc. S. Bovo, Romano.

Orbitoides (Actinocyclina) subradiata Cat. sp.

Var. Romanincola De Greg.

Pl. 1, f. 4-7 (quatre exemplaires gross. trois diamètres) de Romano.

1857. *Lunulites subradiata* Cat.   Catullo. Tert. Sed. sup. Venezia p. 28, pl. 1, f. 13.
1868. *Orbitoides tenuicostata* Gümb Gümbel Beitrage Foraminif. nordalp. eoc. p. 131, pl. 2, f. 114, pl. 4, f. 35.
1875.   „   „   „   Hantken Fauna Clavulina Szaboi p. 83, pl. 11, f. 7-8.

La priorité du nom de Catullo ne me paraît pas contrastable. Il cite la localité de Priabona. Au même sous genre *Actinocyclina* Gümb. appartient l'O. *radians* D'Arch.

La variété proposée par moi se distingue du type n'occupant les cordonnets radials toute la surface mais un côté seulement. Je ne suis tout à fait sûr de la détermination de mes exemplaires, car certaines variétés de la *Numm. Lucasana* lui ressemblent extrêmement, et je n'ai pas examiné la section.

Loc. Romano.

Orbitoides ephippium (Schloth) Gümb.

Pl. 1, f. 8-9 (f. 8 exempl. orig. 20ᵐᵐ, fig. long. 16ᵐᵐ; f. 9 exempl. orig. 20ᵐᵐ, fig. long. 46ᵐᵐ) de S. Bovo.

1820. *Lenticulites ephippium* Schloth Schlotheim Petrefactenkunde v. 1, p. 89.
1847. *Orbitolites sella* D'Arch.   D'Archiac. Bayonne et Dox p. 405 pl. 8, f. 16.
1866.   „   *ephippium* Schloth.   Eichwald Leth. Ross. p. 186, pl. 15, f. 4.
1868. *Orbitoides*   „   „   Gümbel Foraminiferenfauna p. 118, pl. 3, f. 15-16, 38-39.

= *Nummulites ephippium* Kefer (1834). — *Nummulina ephippium* Push. (1833).
= *Nummulina onychomorpha* Cat. (1850). — *Lycophris ephippium* Grant.

Je propose de réunir au nom de Schlotheim celui de Gümbel, qui a rectifié le sens de cette espèce; car autrement il serait mieux d'adopter le nom de *sella* d'Arch. — Mʳ Schlotheim ne donna que très peu de renseignements sur cette espèce; malgré cela, ce qu' il dit suffit en certaine manière pour en donner une idée. Voila ces propres mots: " In ältern Sandstein von Liptsch in Ungarn. — Seine ausserordentliche Dünne, wie Papier, und die sattelförmige Biegung unterscheidet ihn hinlänglish, erfordert jedoch gleichfalls noch weitere Prüfung. „

Nos exemplaires atteignent une taille une peu plus grande que celle indiquée par les auteurs c'est à dire un diamètre de 20^{mm}.

Frilla De Greg.

Je propose ce sous genre pour les espèces d'operculina, dont le test est réduit à une lame très mince, discoïdale et non renflée au milieu.

Type *Op. ammonea* Leym. Je lui rapporte l' *Op. granulosa* Leym. et la *O. canalifera* D'Arch. Il est probable qu'on doit lui référer la *libyca* Schwager et la *Terrigii* Tell. Le type du gen. Operculina est la *Operculina complanata* Bast. sp. (*Lenticulites* Basterot Bordeaux n. 18). D' Orbigny (Modèles pl. 14 f. 7-9). De cette espèce Mr Carpenter (Intr. Foraminifera Pl. 17, f. 1-13) a publié une magnifique illustration. Les fig. 1, 11, données par cet auteur démontrent que cette espèce n'est pas tout à fait applatie mais renflée. Mr Zittel a donné une bonne figure de cette espèce (Zittel Häudbuch v. 1, p. 96, f. 36), qui a été reproduite par F. Bernard (Elém. Paléont. p. 100 f. 12).

Operculina (Frilla) ammonea Leym.

Var. Romanensis De Greg.

Pl. 1 f. 10-15 (f. 10-14 trois exempl. de Romano èt un de Valle Manin f. 13, grossis trois fois et demi; f. 15 bloc de roche de Due Santi avec la même espèce).

1847. *Operculina ammonea* Leym. Leymerie Montagne Noire p. 359, pl. 13, f. 11.
1856.   „   „   „   Vezian Moll. et zooph. p. 48.
1865.   „   „   „   Schauroth Coburg p. 181.
1868.   „   „   „   Gümbel Beitr. Foram. Nordalp. p. 87.
1875.   „   „   „   Hantken Fauna Clavulina Szaboi Sch. p. 80, pl. 12, f. 1-2.
1877.   „   „   „   Mayer syst. Verzeich. Verst. Parisian Einsiedln. p. 70.
1890.   „   „   „   Tellini Numm. Majella p. 44, pl. 12, f. 23-24.

Nos exemplaires ressemblent en certaine manière à la *Num. Murchisoni* Bronn décortiquée (D'Archiac Haime Foss. Inde pl. 8, f. 20. — De La Harpe pl. 4, f. 7) et à la *N. Budensis* Hantk. Mais ils sont presque identiques à la figure de l'*ammonea* figurés par Leymerie et D'Archiac. C'est une coquille extrêmement mince et c'est seulement par ce caractère qu' ils diffèrent de cette dernière espèce. C'est pour ça que j'ai proposé cette variété. J'ai été hesitant à faire cette proposition, mais comme j'ai examiné plusieurs exemplaires prèsentant tous le même caractère je m' y suis décidé. Je crois que la *Terrigi* Tell. doit être considérée comme une variété de la même espèce. L'*Op. sublaevis* Gümb. (Loc. cit. p. 87; pl. 2, f: 113) je crois que c'est une synonyme ou une variété de la même espèce.

Loc. Romano, Valle Manin, S. Bovo, Due Santi.

Nummulites laevigata (Brug.) D'Arch.

Pl. 1, f. 16-17 grand. nat. de S. Bovo.

1784. *Helicites lenticularis*   Burt. Burtin Orict. Bruxelles p. 103, pl. 23, f. B.
1789. *Camerina laevigata*   Brug. Brugnière Enc. Méth. v. 6, p. 399, N.
1853. *Nummulites laevigata* Lam. D'Archiac Haime Déscr. foss. numm. Indes. p. 103, pl. 4, p. 7.

= *Discolites numismale* Fort. 1002.—*Nummularia laevigata* Park 1811.—*Lenticulites laevigata* Lamk.—*Nummulites globularia* Lamk. 1845. — *Nummulites laevigata, globularia, rotula* Defr. 1875. — *Nummulina laevigata et globularia*, D'Orb. 1826. — *Nummulites lenticularis* Blainy. 1828. — *Nummularia laevigata* Sow. — *Nummulites rhomboidolis* Schaf. 1846.

C'est une espèce très variable et je ne suis tout à fait certain de la détermination des mes exemplaires, car je n'en'ai pu examiner la structure interne. Quelques-us d'eux ont le centre élevé en forme de mamelon; ils correspondent à la figure 2 de D'Archiac et je propose pour eux le nom de var. *medioturgidula*.

Le nom de *lenticularis* devrait être préféré à *laevigata*, car il est autérieur, mais comme le nom de lenticularis a été cité par plusieurs auteurs pour désigner des fossiles différents j'ai cru préférable celui de Bruguière en y joignant le nom de D'Archiac.

Loc. S. Bovo (type et var. medioturgidula), Romano.

Nummulites nummularia Brug. sp.

Mut. Dufrenoyi D'Arch. sp.

Pl. 1, f. 18 gr. nat. de Prinà.

1770.	Guettard Mém. soc. sc. et arts v. 4, p. 430, pl. 13, f. 71.
1778.	Knorr Recueil de mon. v. 5, pl. A 7 f. 1.
1789. *Camerina Nummularia* Brug.	Bruguière Enc. Méth. v. 1, p. 400, N. 7.
1802. *Discolithes nummiforme* etc. Fort.	Fortis Mém. pour serv. Hist. nat. Italie v. 3, p. 102, pl. 2, f. A.
1804. *Nummulites complanata* Lamk.	Lamark. Ann. Mus. v. 5.
1805. „ *plana* De Rois.	De Roissy Hist. Nat. Moll. p. 56.
1826. *Nummulina complanata* D'Orb.	D'Orbigny Ann. Sc. Hist. nat. p. 130.
1832. *Nummulites millecaput* Boub.	Boubée Bull. Soc. géol. France.
1848. „ *maxima* Cat.	Catullo. Quelques remarques sur les Nummulites.
1850. *Nummulina camplanata* Lam.	D'Archiac. Hist. Progr. géol. v. 3, p. 234.
1850. *Nummulites complanata* Low.	D'Orbigny Prodr. E. 27, v. 2, p. 335.
1854. „ „ „	D'Archiac An. foss. Inde p. 87, pl. 1, p. 1-3.

Quoique le nom de *complanata* Lamk. est généralement adopté dans la science, je crois qu'on doit réintegré celui de nummularia qui a sans doute la priorité.

Nos exemplaires atteignent un diamètre de 56^{mm}.

Je retiens que la *N. Dufrenoyi* d'Arch. est une mutation de la *nummularia*, car elle n'en diffère que par sa moindre épaisseur. Nos exemplaires ressemblent plus à cette variété qu'à l'espèce typique.

La *Dufrenoyi* est propre de Biaritz etc.

Loc. Prinà, S. Bovo, Valrovina.

Nummulites Ramondi (Defr.) D'Arch.

Pl. 1 f. 19-22 (quatre exempl. gross. trois fois) f. 19-20 de Romano, f. 21-22 de S. Bovo.

1825. *Nummulites Ramondi* Defr.	Defrance Dict. Sc. v. 35, p. 224.
1853. „ „	D'Archiac Haime Foss. Numm. Inde p. 128.

= N. *rotularius* Desh. (1836). — N. *globulus* Leym. (1846). — *Nummulina mammillaris* Rüt. 1850. — *Nummulites mamilla* D'Orb. (1850).

Je me rapporte à tout ce qu'a dit M^r D'archiac à propos de cette espèce, au nom de laquelle je propose de réunir les initiales de D'Archiac. Je crois qu'on pourrait aussi la désigner avec le nom de N. *mamilla* Fitch., car elle a été figurée en 1803 par Mr Fitcher et Moll (Testacea microscopica pl. 6, f. a-d) avec le titre de *Nautilus mamilla*. — M^r D'Archiac observe que ces figures correspondent à la variété *d*. fig. 17 de son ouvrage et pas au type de l'espèce. — Si on adoptera le nom de N. *mamilla*, on devra considérer comme type de l'espèce la fig. 17 de M^r D'Archiac.

Les exemplaires, que j'ai examinés, correspondent très bien à la figure 13 c D'Archiac. Mais, comme j'ai dit, cette mutation est extrêmement analogue de la N. *Guettardi* D'Arch. et de certaines variétés de la *Lucasana* Defr., n'ayant pas examiné la section, je ne suis pas sûr de sa détermination. — La N. *Budensis* Hantk. (Hantken Fauna Clavulina Szaboi Sch. For. pl. 12, f. 4) a beaucoup d'affinité avec la même espèce.

Loc. S. Bovo, Romano.

Nummulites granulosa D'Arch. emend.

Pl. 1, f. 28 gross. un peu plus que deux fois, de S. Bovo

1847. D'Archiac Bayonne et Dax p. 415, pl. 9, p. 19-22.
1853. D'Archiac Haime Descr. An foss. Inde p. 151, pl. 10, p. 11-19.

= *Numm. verrucosa* Roiss. partim; *Numm. placentula* Desh. non Forskal.

J'ai sous mes yeux un exemplaire qui ressemble tout à fait aux exemplaires de Biaritz.
Loc. S. Bovo.

Nummulites perforata (Den.) D'Orb.

Pl. 1, f. 24 fragment de roche en grand. nat. de Valrovina.

1808. *Egeon perforatus* Den.   Denys de Montfort Conch. Syst. p. 166 (juvenis).
1825. *Nummulites spissa* Def.   Defrance Dict. Sc. nat. v. 35, p. 225.
1825. *Helicites perforatus* Blainv.   Blainville Traité Mal. p. 373.
1826. *Nummulina perforata* D'Orb.   D'Orbigny Ann. Sc. Nat.
1834. *Nummulites crassa* Bou.   Boubé Bull. nouv. gisements.
1853. *Nummulites perforata* D'Arch.   D'Archiac Haime Foss. Inde p. 115, pl. 6, f. 1-12.

= *Nummulites aturica* Joly Leym. (1848). — *Nummulina globosa* Rüt. (1848). — *Nummulina globularia* Lamk. in Sow. et Menegh. (1851).

Comme le nom de *perforata* a été proposé par Denys de Moutfort, je pense que c'est nécessaire de le mettre en parentèse tout près de d'Orb. Car autrement on devait adopter le nom de *spissa* Defr. qui aurait la priorité sur celui de D'Orbigny.
Loc. Valrovina et S. Bovo.

Nummulites variolaria (Lamk.) D'Arch.

1804. *Lenticulites variolaria* Lamk. Lamark Ann. Musée v. 5, p. 187.
1819. *Nummularia variolaria* Sow. Sowerby Min. Conch. p. 76, pl. 538, f. 3.
1853. *Nummulites variolaria* Sow. D'Archiac Haime Foss. Numm. Inde p. 146 pl. 9, f. 13.

Cette espèce me paraît douteuse, car ordinairement sa taille est très petite et c'est très difficile de la distinguer des jeunes exemplaires de la *Lucasana*. Quant à son titre, j'ai cru d'adopter celui de Lamark, qui a été le premier à faire connaître cette espèce et celui de D'Archiac, qui en a donné une description très soignée. Comme je n'ai pas examiné la loge centrale, la détermination de mes exemplaires n'est pas certaine. La *N. variolaria* est propre des sables moyens.
Loc. Romano. Valrovina (bloc de roche). Valle Manin (bloc de roche).

Nummulites Lucasana (Defr.) D'Arch.

Pl. 1, f. 25-27 trois exempl. gross. un peu plus que deux fois.

1850. D'Archiac Hist. Progrès Géol. v. 3, p. 238. — 1853 D'Archiac Haime Foss. Numm. Inde p. 124, pl. 7, p. 5-12.
= *Lenticularis* Rou. 1850. — *verrucosa* Roiss. partim.

Comme c'est M.ʳ D'Archiac celui, qui a donné une très belle description de cette espèce, tandis que Défrance n'en publia aucune description je propose d'ajouter aussi les initiales du nom de D'Archiac.—Le nom de *lenticularis* Rou. aurait la priorité, mais comme ce nom a été employé pour indiquer des fossiles différents M.ʳ D'Archiac crut que c'était mieux adopter le nom de Defrance.
Loc. Romano.

RADIATA

Trochosmilia varicosa Reuss ?

Reuss Pal. Stud. ält. tert. Alp. p. 22, pl. 17, f. 4-6.

J'ai examiné deux exemplaires, qui resemblent à la figure 5 de Reuss. Ils sont mal conservés, de sorte que leur identification est très incertaine. Cette espèce provient de Crosara.

Ils ressemblent aussi à la *Tr. profunda* Reuss (Loc. cit. p. 11, pl. 1, f. 1).

Loc. S. Michele.

Trochosmilia stipitata Reuss.

Pl. 1, f. 28-29.

Reuss Pal. Stud. ält. Tert. p. 12, pl. 17, p. 1-2.

L'exemplaire, que j'ai sous mes yeux, ressemble beaucoup à l'espèce de Reuss qui provient de Crosara.

Loc. S. Bovo.

Placosmilia bilobata D'Arch.

Pl. 1, f. 32.

D'Archiac. Studio Compar. p. 25.

Reuss. Pal. Stud. ält. Tert. Alp. p. 7, pl. 38, f. 5-8.

Mon exemplaire ressemble beaucoup au type de S. Ilarione. Cette espèce dans l'explication des planches de l'ouvrage de Reuss porte par erreur le titre de *Pl. eocœnica*. Reuss.

Loc. S. Bovo.

Pattalophyllia subinflata (Cat.) D'Arch.

Pl. 1, f. 30-31.

Catullo tert. sed. sup. p. 41, pl. 2, f. 2, 3, 6 *Turbinolia subinflata, subbilobata et turgidula.*

D'Archiardi Coral. foss. p. 3, pl. 1, f. 6.

Reuss. Pal. Stud. ält. tert. Alp. p. 20, pl. 48, p. 1-4.

Je n'en ai observé qu'un exemplaire, la détermination duquel est très probable. Cette espèce provient de Costalunga (eocène).

Loc. S. Bovo.

Stylophora conferta Reuss.

Pl. 1, f. 33, gross. deux fois et demi.

1868. Reuss. Pal. Stud. ält. tert. Alp. v. 1, p. 25, pl. 9, f. 3-6.

Un exemplaire identique aux exemplaires de Castelgomberto. Cette espèce a été trouvée aussi à Fontana Bona et à Montecchio Maggiore.

Loc. S. Michele.

Rhabdophyllia sp.

Un exemplaire très mal conservé, qui a une certaine resemblance avec la *Rh. tenuis* Reuss de Castelgomberto (Reuss Pal. Stud. p. 16, pl. 2, f. 4-5).

Loc. S. Michele.

ECHINODERMATA

Cidaris (Leiocidaris) Verneuilli D'Arch.

Pl. 1, f. 34, 35.

1850. D'Archiac Hist. Progr. Geol. p. 246. *Cidaris pseudojurassica* Laub.
1853. D'Archiac Haime Descr. An. foss. Inde p. 195, pl. 13, p. 1.
1868. Laube Ech. Vicent. Tert. p. 9, pl. 1, p. 2. *Cidaris (Rhabdocidaris?) pseudojurassica* Laub.
1874. Taramelli. Di alcuni echinidi eocenici dell'Istria p. 10, pl. 1, f. 1-2. *Cidaris Scampicii* Tar.
1877. Dames. Die Echinid. Vicent. Veron. Tert. p. 10.
1880. Bittner. Beitr. Kennt. Alt. echin. faun. Südalp. p. 72, pl. 1, (5) f. 4. *Cidaris (Leiocidaris) Scampicii* Tert. cfr.
1880. Idem. p. 110. *Cidaris (Leiocidaris) pseudojurassica* Laub.

Ayant comparé les figures et les descriptions de *C. pseudojurassica* Laub. et de *C. Scampicii* Tar., je me suis convaincu que c'est précisément la même espèce. Les petites différences sont tout à fait négligeables et dues à des imperfections de dessin ou à corrosion du test. L'exemplaire, que j'ai sous mes yeux, est très bien conservé. Laube a retrouvé cette espèce à Zovencedo; Taramelli à Pisino, Albona, Marostica M.ʳ Bittner à Ciupio.

Le *Cidaris Verneuilli* D'Arch. (D'1853 D'Archiac Haime Foss. Inde pl. 13, f. 1) me paraît identique des espèces citées et c'est pour ça que j'ai adopté ce nom. C'est vraiment intéressant que de retrouver en Italie un fossile de l'Inde.

Loc. Valrovina.

Psammechinus Biaritzensis Catt.

Pl. 1, f. 36.

Cotteau Ech. Foss, Pyrén, p. 62, pl. 1, f. 5-9.
Laube Ech. Vicent. p. 16.
Dames Ech. Vicent. p. 15, pl. 1, f. 11.

J' ai examiné un exemplaire de cette espèce non bien conservé, mais ressemblant beaucoup au type de Montecchio Maggiore.

Loc. S. Bovo.

Caelopleurus equis Val. sp.

Pl. 1, f. 37.

Enc. Méth. pl. 140, f. 7-8. Echinus equis. — D'Archiac Bayonne p. 205 Caelopleurus.—D'Archiac Group. Numm. Bayonne et Dax p. 421. — Klein p. 54, pl. 4, f. 10 *Cidaris coronalis*. — Idem Lesque pl. 8, f. AB. — Koenig Insect pl. 3, f. 46 *Echinus nitidus*. — Agassiz Cat. Syst. p. 12. — Taramelli Ech. eoc. Istria p. 14.— Desor Synopsis p. 97, pl. 16, f. 4-6. — Dujardin Hupé Hist. Nat. Echinod. p. 510. — Zittel Handbuch v. 1, p. 505, f. 362.

Le *C. Agassiz* D'Arch. (D'Archiac Bayonne pl. 7, f. 2. — Bayonne et Dax p. 421, pl. 10, f. 15) est très voisin de l'espèce de Agassiz et il est probable qu'on doit la considérer comme une de ses variétés.

M.ʳ Dames (Ech. Vicent. p. 16) cite le *C. Delbosi* Desor (1864 Cotteau Rev. Mag. Zool. p. 105, pl. 14 f. 6-10) de Mossanno; il considère le *Cael. Agassizi* D'Arch. in Laube comme un synonyme de l'espèce de Desor. — La figure de Laube (Echin. pl. 1, f. 7) paraît fort ressemblante du *C. Agassizi* D'Arch. — M.ʳ Bittner cite le *C. equis* Ag. (Bitt. en Kennt alt. Ech. Südalp. p. 45) et le *C. Desor.* (Loc. cit. p. 110). — M.ʳ Taramelli a retrouvé cette espèce à Albona. — M.ʳ le Prof. Zittel donne comme « habitat » de cette espèce Biaritz.

J' ai examiné un exemplaire de cette intéressante espèce, qui malheureusement était un peu rongé. Néanmoins sa détermination me paraît très probable.

Les ambulacres font sallie, tandis que les aires interambulacrales restent un peu déprimées, ce qui est caractéristique en cette espèce et lui donne un aspect particulier. Sur les ambulacres il y a deux rangées de tuberules. Latéralement à leur sallie sont les pores ambulacraux accoudés à la pointe des ambulacres. Dans les aires interambula-

·craux il y a 4 rangées de tubercules plus petites que ceux des ambulacres, de ces quatre rangées, les deux rangées mé-
·dianes sont un peu moins développées que les latérales.

Cette espèce a quelque ressemblance avec le *C. Forbesi* D'Arch (D'Archiac Foss. Inde) surtout avec l'exemplaire
·figuré par Duncan e Sladen (Tert. upp. cret. foss. Western Sind. p. 287, pl. 46, f. 1-9).

Loc. S. Michele.

Echinocyamus Annonii (Mer.) Ag.

Pl. 2, f. 38-39 (deux exempl. gross. un peu plus que deux fois).

1770.		Knorr v. 2, p. 180, pl. E 11, f. 8.
?	*Fibularia Annonii* Mer.	Mérian Cat. manuscr. Musée Bâle.
1841.	*Echinocyamus Annoni* Mer.	Agassiz Monogr. Echin. p. 134, pl. 27, f. 37-40 (fig. 38 est gross.)
1847.	„ *planulatus* d'Arch.	D'Archiac Group. Nummul. Bayonne p. 422, pl. 10, f. 16.
1847.	„ *subcaudatus* Ag. e Des.	D'Archiac idem p. 422, pl. 10, f. 17.
1865.	„ *subcaudatus* Ag.	Schauroth Coburg p. 189, pl. 8, f. 15.
1869.	*Sismondia planulata* D'Arch.	Laube Ech. Vicent. p. 16, pl. 2, f. 4.
1877.	*Echinocyamus affinis* Desh.	Dames Ech. Vicent. p. 19, pl. 1; f. 14.

J' ai été très embarrassé à propos du nom spécifique de cette espèce. Nos exemplaires sont identiques aux exemplaires rapportés par Schauroth à *Ech. subcaudatus* et à ceux rapportés par D'Archiac à *Ech. planulatus* seulement
ils ont une hauteur plus considérable, car celui-ci est tout à fait discoïdal. Les dimensions de nos exemplaires sont
13^{mm} diam. 4^{mm} haut.

L'espèce typique de *E. Annoni* de Agassiz est plus arrondie que nos exemplaires; mais j' ai observé que le contour de ceux-ci n'est pas toujours précisément le même, il y en a qui paraissent l'avoir à peine subpentagonal, d'autres
legèrement subovoïdal, d'autres presque circulaire. Ce sont des nuances.

Le *Laganum fragile* Dam. de S. Eusebio (Bassano) illustré par le prof. Dames Ech. Vicent. p. 21, pl. 1, f. 15
(non 14 err.) a quelque ressemblance avec nos exemplaires.

Mon illustre collègue le Professeur de Loriol a décrit trois espèces de l' Egypt, qui ont une grande ressemblance
avec nos exemplaires, savoir : *Sismondia Logotheti* Fraas, *Sism. Saemanni* De Lor. *Echinocyamus Luciani* De Lor.
(De Loriol Monogr. Ech. Egypt. p. 16-18, pl. 2, f. 1-15). Je dois observer que les petits sillons que unissent les pores
des ambulacres des *Sismondia* sont causés par l'érosion du test qui laisse voir les sutures des petites plaques. La disposition des pores ambulacraux de nos exemplaires est tout à fait identique de ceux de *Sis. Logotheti* et *Seemanni*.
La forme du test est un peu plus élevée.

M.r Dames propose de désigner cette espèce avec le titre de *Sism. rosaccus* Lesk. (Dames Ech. Vicent p. 20). Je
dois observer que je ne suis pas convaincu de l'utilité de retenir le nom de *Sismondia* au lieu de *Echinocyamus*.—
En outre je ne connais pas l'ouvrage de Lesk. (1778 Additamenta) dans lequel (p. 145, pl. 40, f. 4) a été proposé
le nom de *Echinodiscus rosaccus*. Comme l'espèce de Mérian a été proposée pour un exemplaire de l'éocène de Vérone
(selon Agassiz) je trouve que c'est plus convenable de retenir le nom de Mérian. Je lui ai uni le nom de Agassiz,
car c'est celui-ci qui en a donné la figure et la description. — Je dois observer que j'ai, malgré cela, quelque doute en
ce que dit cet auteur en regard à la provenance, car il dit que c'est un exemplaire rougeâtre comme s'il fût ferru-
gineux. Cela me fait rappeler le calcaire rouge ammonitique.— Mais tous les auteurs réconnaissent que c'est un exemplaire éocénique; alors on ne peut pas douter de l'identité de l'espèce de Bassano.

M.r Dames rapporte à *Sismondia rosacea* l' exemplaire rapporté pour Laube à *Sism. planulata* Laube et *Sism.*
vicentina Laube. Quant à celle-ci il a raison; mais quant à *Sism. planulata* D'Arch. in Laub. je crois que c'est une
autre espèce ou plutôt une mutation de la même espèce pour laquelle je propose le nom de *Laubei*, car elle a une
forme très différente de celle de D'Archiac.

Loc. S. Bovo.

Echinolampas subsimilis D'Arch.

Pl. 2, f. 40.

1846. D'Archiac Bayonne p. 204, pl. 6, f. 4.—1847. D'Archiac Group. Num. Bayonne Dax. pl. 423, p. 10, f. 19 (variété). — Desor Synopsis p. 305. — 1863. Laube Ech. vicent. p. 22. — 1870. Dames Echin. vicent. p. 38.

Notre exemplaire est identique au type de D'Archiac provenant de Biaritz. Il ressemble beaucoup à l' *E. Suessi* Laube. (Vicent. Ech. pl. 4, f. 2) dont j' ai trouvé un grand individus à Vallone Cubo en Sicile (De Greg. Argille scagliose p. 11, pl. 1, f. 2). Il diffère de cette espèce à cause de la différente disposition des rangées des pores ambulacraux, car des doubles rangées des pores des deux petales ambulacraux antérieurs, la rangée qui est antérieure est beaucoup moins longue de la postérieure. Un phénomène inversement analogue, mais moins remarquable, se verific dans les pétales des pores ambulacraux postérieurs, la rangée des pores des deux pétales qui est postérieure est un peu moins longue que celle qui est antérieure.

Néammoins je crois qu' il est probable qu' on devra considérer l' espèce de Laube comme une variété de celle de D'Archiac. M.ʳ Laube cite comme " habitat „ de ce cette espèce Laverda, S. Orso, Zovencedo. M.ʳ Dames rapporte à cette espèce l'*E. globulus* Laube partim. L'*Ech. politus* Desmoulins (Dames Loc. cit. p. 40, pl. 3, f. 2) de Verone me paraît voisin de l'espèce de D'Archiac.

Loc. San Bovo.

Echinolampas sp.

Deux fragments un desquels provenant de Valle Manin, l'autre de Romano.

Ilarionia Beggiatoi Laube.

Echinantus Beggiatoi Laub. Laube Ech. vicent. p. 21, pi. 4, f. 3.
Ilarionia Beggiatoi Laub. Dames Echin. Vicent. p. 34, pl. 5, f. 2.

Je rapporte à cette espèce un exemplaire non bien conservé mais de probable identification M.ʳ Dames rapporte à cette espèce l'*Echinantus Wrightii* Laube non Cotteau. L'*Ilar. Beggiatoi* provient de l'éocène de S. Ilarione. Notre exemplaire ressemble davántage de la figure de Dames que de celle de Laube.

Loc. S. Bovo.

Euspatangus multituberculatus Dames Schaur.

Dames Ech. Vicent. p. 80, pl. 7, f. 4. *Euspatangus multituberculatus* Dames.

Quoique je n'en ai pas la certitude, je suis d'opinion que l'espèce décrite pas M.ʳ Dames avec le titre de *E. Multituberculatus* doit être la même espèce décrite par Schauroth avec le titre de *Brissopsis Sowerbyiformis* (Schauroth Coburg p. 191, pl. 11, p. 3) provenant de Schio, mais je ne puis pas l' assórer. — L' espèce de Dames provient de l' éocène de S. Ilarione.

Loc. San Bovo.

Schizaster globulus Dam.

Dames Ech. Vicent. p. 57, pl. 9, f. 5.

Je n'en ai examiné qu'un mauvais exemplaire, mais son identification me semble très probablement exacte. Cette espèce est propre de S. Ilarione.

Loc. S. Bovo.

Pentacrinus subbasaltiformis Mill.

Var subrotundus De Greg.

Pl. 2, f. 41-42 (un exempl. de deux côtés)

Miller Nat. Hist. Crinoidea p. 140. — Wetherell Trans. Geol. Soc. London 2 sér., v. 5, p. 136, pl. 8, f. 4. — Austen Mon. Rec. foss. crin. p. 122, pl. 16, f. 2. — D'Archiac Bayonne p. 200, pl. 5, f. 16-18. *Pentacrinites didactylus* D'Orbigny. — Forbes Monogr. Echin. Brit. Tertiair. p. 34, pl. 4, f. 8-10.

J' ai examiné quelques tiges de cette espèce, qui sont droites, avec la section presque ronde, ayant un diamètre de 8ᵐᵐ. Les disques ont une épaisseur de 2ᵐᵐ ¹/₂. On voit à peine les sutures. Le long des disques il y a 5 rangées d'affaissements très obsolètes, qui peuvent être aperçus seulement en regardant de travers. Ce caractère est bien reproduit par la figure 18 de D'Archiac, mais dans cette figure est plus visible que dans nos exemplaires. La surface des disques est ordinairiament rongée et on ne voit aucun caractère. Mais un des exemplaires laisse voir 5 pétales séparés par un petit sillon et un peu rongés intérieurement. La paroi de chaque branche et sillonnée, car la structure d'elle ne doit pas être homogène. Cela donne une apparence à l'étoile extrême semblable à celle de la fig. 18 in D'Archiac.

Ce qui est plus caractéristique dans nos exemplaires est la forme sectionale arrondie et non pentagonal. L'exemplaire f. 18 de D'Archiac, et celui fig. 10 de Forbes ressemble à notre variété.

Loc. Valrovina.

MOLLUSCA

PELECYPODA

Teredo vermicularis Desh. aff.

Pl. 2, f. 43.

Nos exemplaires ont quelque ressemblance avec l'espèce d'Anvers (Deshayes Bassin pl. 3, p. 5-6) mais ils ont une taille plus grande. Les exemplaires rapportés à la *Serpula iortrix* Münst in Shauroth (Coburg p. 259, pl. 28, f. 4) de Priabona me paraissent la même espèce. Je ne puis dire rien là dessus, car je n'en ai que de mauvais exemplaires.

Loc. Cava Brocchi.

Clavagella s. p.

Un fragment de tube, qui me paraît devoir appartenir à une *Clacagella*. Il a un diamètre de 12ᵐᵐ.

Loc. Cava Brocchi.

Panopaea subrecurva Schaur.

Pl. 2, f. 44-49 (fig. 44 exempl. typ. de S. Bovo, f. 45, autre exempl. de Valle Manin,
f. 46, Mut. Maniuensis De Greg. de Valle Manin, f. 47-49 Mut. captiva de Greg. de Valle Manin).

1805. Schauroth Coburg p. 218, pl. 21, f. 8. Fuchs Vicent. p. 62 *P. angusta* Nyst.

M.ʳ Fuchs propose de réunir la *P. Héberti* Basq. la *subrecurva* Schaur et l'*angusta* Nyst, sous ce dernier titre, qui aurait le droit de la priorité. Ayant examiné soigneusement la figure originale de cette dernière (1846 Nyst Kleinspauwen pl. 2, f. 2) et celle de Nyst (Coq. Pal. Belg. pl. 1, f. 10, 1843) je me suis aperçu que les crochets de celle-ci sont plus symétriques que celle de Paris (Deshayes Bassin Paris pl. 8, f. 12). La figure donnée par Sandberger (Mainz. pl. 21, f. 8) correspond à celle de Paris. — La *Pan. subrecurva* Schaur est encore plus asymétrique que celle de Paris de sorte que l'exemplaire de Deshayes serait intermédiaire entre celui de Nyst et celui de Schauroth et je crois utile de retenir le nom donné par cet auteur aux exemplaires de Laverdac tout en reconnaissant les analogies par lesquelles ils sont liés à ceux de Paris et de Bruxelles.

La *Lutraria acutangula* Michtti (1861 Michelotti Et. Mioc. Quof. pl. 2, f. 6) de Mioglia probablement est aussi une Panopæa. Dans ce cas il serait probable qu'elle fût la même espèce et ce nom devrait être préféré. — La *Pa*-

nopæa aequalis Shaph. (1863 Schaphäutl Sud Bayerns Leth. Geogn. pl. 44, f. 2) me parait tres voisine et peut être identique.

Loc. San Bovo, Valle Manin, Romano, Lavacille.

Idem

Mut. *Maninensis* De Greg.

f. 46.

Cette mutation diffère du type à cause de sa forme moins transverse ayant le contour ventral plus arrondi. Loc. Valle Manin.

Idem

Mut. *captiva* De Greg.

f. 47-49.

Cette mutation diffère du type ayant les crochets plus rapprochés du côté antérieur. Loc. Vallé Manin.

Panopæa? declivis Michtti.

Pl. 2, f. 50-51.

1861. Michelotti Et. Mioc. Inf. p. 57, pl. 6, f. 1 (Lutraria).
Un exemplaire qui ressemble beaucoup à l'exemplaire de Dego figuró par Michelotti.
Loc. Valle Manin.

Latosiliqua Degr.

Je propose ce sous genre, ou plutòt ce genre, pour les deux espèces suivantes. Je regrette de n'en pouvoir décrire la charnière. Il diffère du genre Solen à cause de sa forme dont les bords ne sont pas parallèles: car la coquille postérieurement s'élargit. En outre elle est pourvue de un ou deux sillons rayonnants. Type: *Solen plicatus* Shaur.

Solen (Latosiliqua) plicatus Shaur.

Pl. 2 f. 52-53 (f. 52 gr. nat., f. 53 graud. reduite)

1865. *Solen plicatus* Shauroth Coburg p. 219, pl. 12, f. 2.

C'est une espèce très intéressante et caractéristique. Elle rejoint une taille considérable. Mon exemplaire a une longueur de 12^{cm} et une largeur de 38^{mm}, celle-ci du côté postérieur, tandis que du côté antérieur (où est le crochet) elle est de 22^{mm} seulement.

C'est une coquille déprimée, ornée par des stries concentriques d'accroissement. Sur le côté postérieur il y a deux dépressions rayonnantes, celle qui est plus en avant est un peu effacée, mais l'autre, qui est plus en arrière et plus près du bord cardinal, est beaucoup plus marquée.

Loc. San Michele.

Solen (Latosiliqua) plicatus Schaur?

Mut. *subregularis. De Greg.*

Pl. 2, f. 54-55.

Differt a S. plicato, marginibus subparallelis Long. 85.^{mm}

Il y a lieu à considérer notre forme comme une mutation de la précédente; mais on ne peut pas en être sûr; car je n'ai pu examiner la charnière ni de l'une ni de l'autre.

Loc. S. Michele.

Solecurtus Deshayesi Desm.

Pl. 2, f. 56.

Deshayes Coq. Paris 1ª Ed. pl. 2, f. 22-23. (*Solen strigillatus* Defr.) 2ª Ed. 1 vol. p. 161, *Solecurtus Deshayesi* Desmoulins.

L'exemplaire, que j'ai sous mes yeux, est absolument identique à ceux du bassin de Paris.

Loc. Lavacille.

Psammobia pudica Brongt.

Brongnart Vicentin. pl. 5, f. 9; Fuchs Vicent. p. 63; Hébert Renevier Numm. sup. p. 193, pl. 2, f. 3.

Je rapporte à cette espèce un petit exemplaire de Valle Manin, qui lui ressemble beaucoup, mais dont la détermination n'est pas tout à fait sure. L'exemplaire figuré par Shauroth (Coburg pl. 21, f. 2) me parait appartenir à une autre espèce.

Loc. Valle Manin.

Pinna margaritacea Lamk.

Var. sublaevigata De Greg.

Pl. 2, f. 57.

Déshayes Bassin Paris v. 2, p. 35, (éd. p. 285, pl. 41, f. 15).—Wood Eoc. biv. p. 56, pl. XI, f. 9.—Cossmann Cat. Ill. coq. foss. v. 2, p. 165.

J'enai examiné qu'un exemplaire dont l'extrémité était cassé. Il ressemble extrêmement à la figure donnée par Deshayes, seulement sa surface est presque dépourvue des costules radiales qui se trouvent dans l'espèce de Paris. Il faut la loupe pour les découvrir. Mais, comme mon exemplaire est un peu rongé, j'ai cru plus prudent le référer à la même espèce avec laquelle il présente la plus grande analogie.

La *P. semiradiata* Koenen (1873 Nord Unt. Olig. p. 1062, pl. 64, f. 12) me parait très voisine de l'espèce de Paris et qu'on doive peut-être la considérer comme une de ses mutations.

Mr. Deshayes donne une riche bibliographie de cette espèce; (Coq. Paris 2ª éd. v. 2, p. 35).

Loc. Valle Manin.

Lucina grata Defr. ?

Deshayes Coq. Paris 1ª Ed. pl. 16, f. 5-6. — 2ª éd. p. 655.

Je rapporte à cette espèce un exemplaire rongé dont la détermination est très incertaine.

Loc. Lavacille.

Lucina Bovensis De Greg.

Pl. 2, p. 58.

Schauroth Coburg p. 209, pl. 19, f. 3 *Cardium limaeformis* D'Arch.

Testa depressa! asymetrica!, semilunaris, triangularis, tenuis, lata.

Mr. Schauroth croit reconnaitre dans cette espèce le *Cardium limaeformis* D'Arch. de l'Inde. Ayant comparé la figure de D'Archiac (Inde pl. 23, p. 5) je me suis convaincu que c'est absolument une autre espèce. L'exemplaire figuré par Schauroth provenait de Schio; il ressemble extrêmement à notre espèce; seulement la section (f. 3 a) qu'il en a donné est beaucoup plus épaisse que celle du notre exemplaire qui est très mince.

Loc. S. Bovo.

Pholadomya Michelensis De Greg.

Pl. 2, f. 59-60.

Testa ovata, antice et postice rotundata, turgidiuscula, concentrice profunde regulariter sulcata, ra-
·diatim funiculata; umbones ad latus anticum valde approximati.

Cette espèce est liée étroitement avec la *Ph. ludensis* Desh. (Deshayes Bassin pl. 9, f. 1-5). Le variété f. 3-4
de Deshayes est très voisine de notre espèce. Celle-ci en diffère pas les sillons concentriques qui sont beaucoup plus
marqués, et par les crochets situés plus antérieurement.

Elle diffère de la *subaffinis* Schaur (Coburg pl. 21, p. 6) de Priabona à cause de ce dernier caractère et des fu-
nicules rayonnants.

Loc. S. Michele.

Pholadomya Koninckii Nyst.

Var. *Maninensis* De Greg.

Pl. 2, p. 61.

Testa turgida, subtrigonoidea, concentrice tenue sulcata, radiatim costulata; umbones conici anterius
approximati.

Nos exemplaires ressemblent à la *Ph. Koninckii* Nyst de sorte que je les ai référés à cette espèce; ils ressemblent
plus à la figure originale de Nyst (1843 Belgique pl. 1, f. 9) qu'à ceux de Deshayes (Bassin pl. 9, f. 13-14).

M^r. Shauroth a figuré une Pholadomya de Lugo (Coburg pl. 21, f. 5) en la référant à la *Ph. Puschi* Goldf. Je
ne suis point sûr à propos de son indentification car la figure de Goldfus (Petr. Germ. pl. 158, f. 3) a une dimension beaucoup plus large. Néanmoins, il n'est pas impossible qu'on doive considérer l'espèce de Nyst comme une mutation de celle de Goldfus.

Notre variété par sa forme est intermédiaire entre *Ph. quaesita* Mich. (Michelotti Mioc. inf. pl. 5, f. 1-2) et *tri-*
gonula Mich. (Idem pl. 5, f. 6-7) toutes les deux de Dego.

Valle Manin.

Crassatella Maninensis De Greg.

Pl. 2, f. 62-63.

(Schauroth Coburg pl. 21, f. 2. Psammobia pudica Brongt.) ?

Testa oblonga, trapetioides, depressa, carinata, marginibus subparallelibus; antice rotundata paulo
attenuata; postice vix dilatata, subtruncata.

Long. antéroposter. 50^mm umboventrale 26^mm

C'est une espèce très intéressante qui ressemble beaucoup à l'exemplaire figuré par Schauroth (Coburg pl. 21, f. 2)
et rapporté à la *Psam. pudica* Brongt, qui me paraît une espèce très différente. Néanmoins on ne peut pas identifier
nos échantillons avec l'exemplaire de Schauroth qui provient de Laverda.

Loc. Valle Manin, Lavacille.

Idem

Var. *pudicopsis* De Greg.

Pl. 2 f. 64.

Testa thraciaeformis, fere non carinata, vix magis dilatata quam Maninensis typ., atque magis
similis speciei quam Schauroth pudicam nomavit.

L. 50.

.Cette mutation ressemble beaucoup quant à sa forme à *Panopaea margaritacea* Deshayes (Deshayes Bassin 2ⁿ Ed. pl. 8, f. 3-6); mais c'est un autre genre. Malgré cela je reste douteux car je n'en ai examiné que des moules.
Loc. San Bovo.

Crassatella neglecta Michtti.

Pl. 2, f. 65.

Michelotti Et. mioc. inf. p. 96, pl. 7, f. 14. Fuchs Vicent. p. 65, pl. 11, f. 20-21.

J'ai référé à cette espèce de San Gonini plusieurs exemplaires de Lavacille qui lui ressemblent beaucoup. Mais je dois ajouter, que, n'ayant pas examiné la charnière, je ne suis pas tout à fait sûr de leur détermination.
Loc. Lavacille.

Crassatella sulcata Brand sp.

Var. Lavacillensis De Greg.

Brander Foss. Hant. pl. 7, f. 69 (Tellina). Deshayes Bassin Paris 2ᵃ éd. p. 747, pl. 20, f. 12-14. Michelotti pl. 7, f. 11-12 *(Cr. speciosa)*.

Nos exemplaires diffèrent de ceux de Paris à cause de leur contour plus étroit ayant le diamètre umboventral moins long. Je n'ai pas examiné la charnière. — Mʳ. Fuchs cite cette espèce provenant de San Gonini.
Loc. Lavacille.

Crassatella trigonula Fuchs.

Pl. 2, f. 66.

Fuchs Vicent. p. 65, pl. X, f. 14-17.

Quelques exemplaires, dont l'identification est très probable. C'est une espèce de Sangonini.
Loc. Lavacille.

Crassatella carcarensis Michtti.

Pl. 2, f. 67, 67 bis, 68 (le même exempl. de trois côtés).
Michelotti Mioc. inf. p. 66, pl. 7, f. 13.

La détermination de nos exemplaires est probablement exacte, mais on ne peut pas en être sûr, car le bord ventral de la coquille est cassé. La *carcarensis* provient du calcaire mioc. inf. de Dego.
Loc. Valle Manin.

Chama calcarata Lamk.

Lamark Coq. foss. p. 23, f. 4 (An. Musée pl. 28).—Deshayes Coq. Paris 1ᵉ Ed. pl. 38, f. 5-6.—Schauroth Coburg pl. 19, f. 2.

Je rapporte à cette espèce un exemplaire de S. Bovo, la surface duquel malheureusement n'est pas bien conservée, de sorte que sa détermination n'est pas sure. Je reste perplexe d'autant plus à cause de sa taille, qui est bien plus large que celle des exemplaires de Paris et égale à celle de la *gigas* Desh. Il diffère de celle-ci à cause de ses lamelles beaucoup écartées et des crochets, qui sont beaucoup moins asymétriques. — Les lamelles sont toutes cassées de sorte qu'on ne peut pas en former une idée exacte. — Notre exemplaire ressemble beaucoup à la *C. vicentina* Fuchs de Castelgomberto (Fuchs pl. 7, f. 4-5) elle en diffère par le contour plus arrondi et les crochets plus proéminents.
Loc. San Bovo. -- Romano (exemplaire douteux).

Pectunculus sp.

Un petit exemplaire douteux, car on ne voit pas la charnière.
Loc. San Bovo.

Astarte corbuloides Michtti.

Pl. 2, f. 70.

Michelotti Mioc. inf. p. 64, pl. 7, f. 5, 6.

J'en ai examiné un exemplaire, qui ressemble beaucoup aux exemplaires du miocène inférieur de Pareto figurés par Mr Michelotti.
Loc. Lavacille.

Cytherea suberycinoides Desh.

Pl. 2, f. 71.

Deshayes Coq. Paris 1, éd. pl. 22, f. 8-9.

J'ai eu à examiner plusieurs exemplaires, qui ressemblent beaucoup à l'espèce parisienne. Ils rappellent aussi la *Venus intermedia* Michelotti (Mioc. inf. p. 66, pl. 6, f. 10-11) du miocène inférieux de Dego; mais ils me paraissent plus voisins de l'espèce de Deshayes à laquelle je les ai référés. — La *Venus? Maura* Brongt Vicent. pl. 5, f. 11 est très voisine de cette espèce ou bien elle est identique.
Loc. Lavacille.

Cytherea dubia Michtti.

Venus dubia Michelotti Mioc. inf. f. 59, pl. 6, f. 6-8.

Il est probable que nos exemplaires appartiennent à l'espèce de Dego illustrée par Michelotti.
Loc. Valle Manin.

Cytherea intermedia Michtti ?

Michelotti Mioc. inf. p. 66, pl. 6, f. 10-11.

Je rapporte à cette espèce de Dego un gros moule qui lui ressemble.
Loc. San Michele.

Cyprina compressa Fuchs.

Fuchs Vicent. p. 64, pl. 11, f. 2.

Je rapporte à cette espèce plusieurs exemplaires en médiocre conservation de sorte que leur détermination n'est pas certaine. Cette espèce est de S. Gonini.
Loc. Valle Manin. — Lavacille.

Cyprina brevis Fuchs.

Fuchs Vicent. p. 64, pl. 11, f. 1.

Je rapporte à cette espèce de San Gonini un exemplaire qui lui ressemble beaucoup.
Loc. Lavacille.

Cardita Laurae Brongt sp.

Brongnart Vicent. p. 80, pl. 5, f. 3 *(Venericardia Laurae)*.
Michelotti Mioc. inf. p. 68, p. 8, f. 1-2 *(Cardita neglecta)*.

Fuchs Vicent. p. 66, pl. 11, f. 13-15.

J'ai examiné plusieurs exemplaires de cette espèce caractéristique de Sangonini.

Loc. Lavacille. — San Bovo.

Cardium fallax Michtt.

Michelotti Et. Mioc. inf. p. 78, pl. 8, f. 16-17.— Schauroth Coburg p. 210. pl. 19, f. 4. *(C. scobinella)*.— Fuchs Vicent. p. 65, pl. 11, f. 4-5.

J' ai examiné plusieurs exemplaires identiques à ceux de Sangonini.

Loc. Lavacille. — San Bovo.

Cardium anomale Math.

Var. *genuina* Schaur.

Mathéron Cat. carp. org. pl. 32, f. 11-12.

Schauroth Coburg p. 210, pl. 20, f. 1, *C. Pasinii.* — Fuchs Vicent. p. 30, pl. 7, f. 7-10.

Nos exemplaires correspondent à l'espèce de Lugo décrite par Schauroth. Cette espèce me paraît tres voisine du *C. subdiscors* D'Orb. (Deshayes Bassin Paris 2ᵉ éd. pl. 55, f. 3-5). La figure originale de Mathéron n' est pas bien exécutée, mais elle donne une idée suffisante de cette espèce.

Loc. Lavacille. S. Bovo.

Cardium perplexum De Greg.

Pl. 2, f. 72-74.

Testa potius tenuis, inæquilatera, tenue striata; umbones conici, prominuli, anterius approximati atque recurvi.

Cette espèce ressemble beaucoup au *C. anormale (C. Pasinii* Schaur.) Var. *contracta* (Schauroth pl. 20 , f. 3). Elle s'en distingue par les stries, qui occupent toute la surface et par le crochet un peu plus proéminent. Lorsque la surface est rongée et qu'on ne voit pas la charnière, on peut confondre cette espèce avec le genre Cytherea.

Loc. Lavacille.

Vulsella augusta Desh. ?

Pl. 2, f. 75.

Deshayes Bassin Paris 2ᵉ éd. v. 2, p. 52, pl. 25, f. 13-15.

L'exemplaire, que j'ai sous mes yeux, ressemble beaucoup à l'espèce parisienne; mais on ne peut pas le certifier, car on ne voit pas l'intérieur qui est attaché à la roche. Ce serait très intéressant de constater cette détermination.

Loc. Valle Manin.

Spondylus cisalpinus (Brongt) Fuchs.

Pl. 2, f. 76.

Mon exemplaire ressemble beaucoup à la figure de Mᵣ Fuchs (Vicent. pl. 7, f. 11-12) rapportée par cet auteur à l'espèce de Brongnart. Elle ressemble aussi à la figure de Schauroth (Coburg pl. 15, f. 3) rapportée par cet auteur au *Spondylus radula* Lamk. Il ressemble moins à la figure originale de Brongnart (Vicent. pl. 5, f. 1) et plus qu'à celui-ci il ressemble au *Sp. radula* Lamk. typique de sorte que j' ai cru le référer à l'espèce de Brongnart en unissant aussi le nom de Fuchs qui en à rectifié le sens. Le *Sp. Cisalpinus* se retrouve à Mᵣ Grumi (Castelgomberto).

Loc. S. Bovo.

Ostrea plicata Defr.

Pl. 2, f. 77.

Deshayes Bassin Paris v. 2, p. 115.

24

La détermination de notre exemplaire paraît très probablement exacte. Cette espèce se retrouve dans les sables moyens du Bassin de Paris.

Loc. S. Bovo.

Ostrea Michelensis De Greg.

Pl. 3, f. 78-79 , Pl. 4 , f. 80-80 bis. f. 78 , un exempl. de côté ant. f. 79 le même exempl. en grand. *réduite*. f. 80, gr. nat. f. 81 l'autre valve du même exempl.

= O. Martinsii Schaur (non D'Archiac) Schauroth Coburg p. 197, f. 14, f. 6.

Testa solida, suborbicularis, dense costulata, depressa, irregulariter undulata; costulae crispae, erectae interstitia subaequantes; cardo conoideus , extus lateribus transversim crenulatim costulatus ; foveola oblonga, conica.

L. 95^{mm}

Elle ressemble beaucoup à l'*O. Martinsii* D'Arch. (D' Archiac Bayonne et Dax pl. 13 , f. 25). Elle en diffère à cause de ses côtes beaucoup plus nombreuses etc. — Elle est identique à l'Ostrea rapportée par Schauroth à la Martinsii provenant de Brendola.

Loc. S. Michele.

Plicatula Bovensis De Greg.

Pl. 4, f. 81-82, un exempl. de deux côtés.

Testa depressa!, solidiuscula valde costata; concentrice apud marginem lamellosa; costae medianae 3 majores, rotundatae, interstitia superantes; costae laterales decrescentes circiter 2 ad latus.

Diam. antéropost 20^{mm}; umboventral 35^{mm}

C'est une jolie petite espèce qui rappelle par sa forme l'*Ostrea (Alectryonia) alticostata* M. (Frauscher Unt. Eoc. Nord Alp. p. 30, pl. 3, f. 9).

J'ai trouvé à S. G. Ilarione (éocène) une espèce semblable.

Loc. Le type est de S. Bovo; on trouve à Valle Manin quelque valve, qui paraît appartenir à la même espèce.

Pecten arcuatus (Brocc.) Fuchs.

Pl. 4, f. 83-85 (f. 83 type de S. Bovo; f. 84 la valve inf.; f. 85 exempl. douteux).

1814. *Ostrea arcuata* Brocc.	Brocchi Conch. sub. p. 578, pl. 14, f. 11.
1848. *Pecten Michelotti* D'Arch.	D'Archiac Bayonne Dax p. 435, pl. 12, f. 20.
1861. *Janira fallax* Michel.	Michelotti Mioc. inf. p. 78, pl. 9, f. 4-5.
„ „ *deperdita* „	„ „ „ p. 79, pl. 9, f. 6-7.
1865. *Pecten Michelotti* D'Arch.	Schauroth Coburg p. 201, pl. 16, f. 3.
„ *Cardium Perezeformis* Schaur.	Schauroth Coburg p. 209, pl. 18, f. 9.
1870. *Pecten arcuatus* Brocc.	Fuchs Vicent. p. 67, pl. 10, f. 38-40.

Comme c'est Mr Fuchs qui à rectifié la synonymie de cette espèce, je propose de réunir son nom à celui de Brocchi. Les noms de *deperdita* et *perezeformis* pourront peut-être indiquer tout au plus des variétés du même type. Le *Pecten arcuatus* est une des espèces plus caractéristiques de San Gonini.

Le *P. lychnulus* Font. (1675 Fontannes Bassin Rhonne vol. 3, p. 86, pl. 2, f. 3) appartient sans doute au même groupe. On ne peut pas l'identifier, car il en diffère par les côtes plus rares et plus larges.

La valve gauche du *P. arcuatus* est très différente de la valve droite, de sorte qu'elle paraît appartenir à une autre espèce.

Loc. S. Bovo! — Valle Manin! — San Michele. — Romano.

Pecten Parisiensis D'Orb.

Var. Bovensis De Greg.

Pl. 4, f. 97-99 (f. 97-98 deux exempl. de S. Bovo; f. 99 exempl. de S. Bovo).

1832. *P. imbricatus* Desh. Enc. Méth. v. 3, p. 730.
1843. *P. scabriusculus* Nyst (non Math.) Coq. Nyst Coq. Pal. Belgique p. 296.
1850. „ *Parisiensis* D'Orb. D'Orbigny Prodr. v. 2, p. 392.
1850. „ *subscabriusculus* D'Orb. D'Orbigny Prodr. v. 2, p. 392.
1864. „ *Parisiensis* D'Orb. Deshayes Bassin Paris 2ᵉ éd. p. 81.

Je rapporte à cette espèce quelques exemplaires de S. Bovo, qui lui ressemblent beaucoup.

Cette espèce est une des ancêtres du *P. opercularis* L. Un grand nombre d'espèces du miocène et de l'éocène, qui ont des noms différents, doivent être considérés comme des mutations du même type. Une étude sur les ramifications du *P. opercularis* serait du plus haut intérêt, et donnerait occasion à plusieurs rectifications.

Nos exemplaires diffèrent de l'espèce typique pas leur contour plus ovoïdal, par ce caractère ils ressemblent extrêmement au *Pecten Gravesi* D'Arch. in Schauroth (Coburg. p. 20, pl. 16, f. 4) de Brendola et au *P. Biaritzensis* D'Arch. (Bayonne p. 210, pl. 8 f. 9) de Biaritz et au *Pecten tripartitus* Desh. in Shauroth (Coburg 202 pl. 16, f. 5).

Loc. S. Bovo, Romano.

Pecten Meneguzzoi Bayan.

Pl. 4, f. 86.

Bayan Et. fait Éc. Mines pl. 8, f. 7.

L'exemplaire, que j'ai sous mes yeux, est cassé, mais il ressemble beaucoup à cette forme.
Loc. S. Michele.

Pecten optatus Desh.

Pl. 4, f. 87.

Deshayes Bassin Paris 2 éd. pl. 79, f. 18-20.

Un exemplaire de S. Bovo paraît très analogue de cette espèce et peut-être identique; mais, comme sa surface est rongée et que ses oreillettes sont cassées, on ne peut pas le certifier.
Loc. S. Bovo.

Pecten palmatus (Lamk.) Goldf.

Var simplex Michtti sp.

Pl. 4, f. 88.

1819. Lamarck Hist. Nat. a. s. v. Vol. 6, p. 182.
1836. Goldfuss Petref. Germ. p. 65, pl. 96, f. 6.
1847. Michelotti Terr. Mioc. It. Sept. p. 86, pl. 3, f. 4.
1870. Hörnes Moll. Wien p. 410, pl. 64, f. 3.
1880. Fontannes Et. Ter. tert. Rhone Bassin Crest. p. 164, pl. 6, f. 1-4 (*P. crestensis Font.*)

Je propose de désigner cette espèce avec le nom de Goldfuss, qui a été le premier à en donner une bonne figure, reconnaissant comme type de l'espèce l'exemplaire de Goldfuss. Des deux exemplaires figurés par Hörnes, la fig. 3 a représente le type; la figure 3 b notre variété *Gauderndorfensis*.

Les exemplaires décrits par Fontannes sous le nom de *P. crestensis* me semblent évidemment devoir être référés à l'espèce de Lamarck. On peut retenir le nom donné par Fontannes à titre de variété.

Mr le Prof. M. Hörnes rapporte aussi à la même espèce le *P.crassicostatus* Dunker (Molasse Günzburg p.164,pl. 22,f. 2-3).

Notre exemplaire ressemble beaucoup à la variété *crestensis*, mais plus encore au *P. simplex* Mich. (Michelotti Terr. mioc. pl. 3, f. 4) qui me paraît très voisin du *palmatus* et peut être une de ses variétés, ayant la surface rongée. Il rappelle aussi le *P. latissimus* Brocc. juvenis.

Loc. San Michele.

Pecten verrucopsis De Greg.

Pl. 4, f. 89-90.

Testa depressa, ovata, subaequivalvis; costae 7, latae, rotundatœ, prominulae, interstitia subaequantes, quarum tres medianœ valde majores quam aliae; cercina super costas decurrentes in seriem concentricam disposita.

L. 18^{mm}

Cette espèce diffère du *palmatus* Lamk. mut. *simplex* Michtti à cause des deux valves presque égales, de son contour moins rond, et par les bourrelets des côtes qui forment une saillie concentrique.

'Loc. S. Michele.

Pecten deletus Michtti.

Pl. 4, f. 91-95 (f. 91 type de Cruccolo, f. 92 Mut. solariopsis De Greg. de Cava Brocchi, f. 93, Mut. Boueiformis Schaur. f. 94, Mut. postprotractum De Greg. f. 95 Mut. bisdepressum De Greg.

1861. Michelotti Et Mioc. inf. p. 77, pl. 9, f. 1-3.

Je rapporte à cette espèce les nombreuses variétés, que j' ai examinées. Cette espèce passe au *P. Thorenti* D'Arch. (1846 D'Archiac Bayonne p. 211, pl. 8, f. 8) qui lui ressemble extrêmement. Je crois même qu' il faudra réunir ces deux espéces. Dans ce cas c'est au nom de D'Archiac la priorité. Mais, comme je n' en suis complètement sûr, j' ai préféré de conserver l'espèce de Michelotti. Le *P. Helenae* Boettg. (Tert. Sumatra v. 1, p. 96, pl. 11, f. 3-4, 1880) de Sumatra me semble assi analogue de l'espèce italienne, surtout de la Mut postprotractum.

Certains exemplaires décrits par Schauroth avec des titres différents, je crois que doivent rentrer dans le domaine du même type, savoir le *P. solarium* Lamk., le *P. Boŭéiformis* Schaur. et peut être même le *subopercularis* D'Arch. et le *Spondylus subspinosus*. Mü. qui ne me paraît pas un spondylus.

Je passerai maintenant en revue nos exemplaires.

Mut. *deletus* typo f. 91 (Michelotti pl. 9 f. 1-2). J' ai examiné un exemplaire qui est identique à celui de Dego. Loc. Cruccolo (type). S. Bovo (petit exemplaire). S. Michele.

Mut. *solariopsis* De Greg. (f. 92). Notre exemplaire ressemble beaucoup à la figure de Schauroth rapporté au *P. solarium* Lamk. (Schauroth Coburg p. 200, pl. 16, f. 2) il en diffère, par les côtes plus nombreuses. C' est par ce caractère et leur plus petite élévation, qu' il se distingue du *P. deletus* type.

Loc. Cava Brocchi.

Mut. *Boŭéiformis* Schaur (f. 93) (Schauroth Coburg p. 200, pl. 17, f. 1). Notre exemplaire s' accorde très bien avec celui de Schauroth.

Loc. Due Sànti.

Mut. *postprotractum* De Greg. (f. 94). Elle diffère des autres mutations à cause des valves inéquilatérales, car la coquille se prolonge beaucoup plus du côté postérieur (et précisément du côté ventral postérieur) que du côté antérieur, de sorte qu'elle devient beaucoup asymétrique. En outre la surface laisse voir une élégante ornementation presque entièrement éffacée, qui consiste en des petits sillons rajonnants écailleux. Diam. 60^{mm}

Loc. Cava Brocchi !, San Michele, Cruccolo.

Mut. *bisdepressum* De Greg. (f. 95). Cette mutation est caractérisée par la dépression des valves et les côtes moins nombreuses. C'est probablement une espèce différente.

Loc. S. Michele.

Pecten Cruccolensis De Greg.

Pl. 4, f. 96.

Testa pyriformis, potius depressa, utrinque aequaliter convexa; costae rotundatae, latae, circiter undecim interstitia aequantes.

Diam. antéropost 40^{mm} Diam. umboventral 60^{mm}

Cette espèce est voisine du *P. deletus* Michtti, elle en diffère par sa forme plus étroite et oblongue tandis que celle du *P. deletus* est presque ronde et par les côtes, plus espacées.

Par sa forme elle rappelle le *P. Reussi* Hörn (Hörnes Moll. Wien p. 407, pl. 64, f. 1).

Loc. Cruccolo.

Pecten sp.

C'est une grande espèce du type du *P. solarium* Lamk. in Hörn. C'est un fragment et on ne peut pas hasarder aucune détermination.

Loc. Due Santi.

Pecten Laudunensis Desh.

Pl. 4, p. 100.

Deshayes Bassin Paris 2e éd. v. 2, p. 73, pl. 79, f. 7-9.
Cossmann Cat. Ill. coq. v. 2, p. 182.

Je rapporte à cette espèce un petit exemplaire, qui lui ressemble beaucoup, mais dont l'identificazion n'est pas sure.

Loc. Valle Manin.

Pecten (Amussium) cristatum Bronn?

Pl. 4, f. 101-103; (f. 104 mut. Cavabrocchiensis).

Je rapporte à cette espèce trois exemplaires. Comme ils manquent d'oreillettes et qu'on n'y voit pas la surface intérieure, on ne peut pas vérifier si cette détermination est exacte. Le *P. corneus* Sow. qui appartient à une niveau très différent a précisement les mêmes caractères extérieures. Il suffit de comparer la figure du Wood (Eoc. biv. pl. 9, f. 7) à celle de Hörnes (Moll. Wien pl. 66, f. 1). On a trouvé le *P. cristatus* dans le pliocène et dans le miocène. Je ne crois pas qu'on l'a retrouvé dans le miocène inférieur. Le *P. comitatus* Font. est une espèce extrêmement voisine de celle-ci et dont les limites ne sont pas bien tranchées. Le *P. denudatus* Reuss est dans les mêmes conditions.

En regardant de travers la surface de nos échantillons il paraît d'apercevoir quelques côtes internes.

Loc. Cava Brocchi.

Mut. *Cavabrocchiensis* De Greg. (f. 104. Cette mutation diffère du type par les côtes internes, qui sont en grand nombre et très rapprochées. Le Pecten figuré par Hilber sous le titre de *Pecten forma indeterminata* (1882 Hilber Ostg. Mioc. pl. 4, f. 8) ressemble à notre espèce par ce caractère; mais il a les oreillettes beaucoup retrécies tandis que dans notre espèce elles sont assez développées.

Je n'en ai examiné qu'un exemplaire, dans lequel (comme la surface est en partie rongée et manque en partie le test) on voit l'impression des côtes internes.

Loc. Cava Brocchi.

SCAPHOPODA

Dentalium absconditum Desh.

Pl. 5, f. 105.

Deshayes Bassin Paris 2° éd. pl. 1, f. 15.

Je rapporte à cette espèce un petit exemplaire, qui lui ressemble beaucoup. Il ressemble aussi au *D. simplex* Michtti (Mioc. int. pl. 13, f. 13), mais il est plus conique et plus courbé que celui-ci; de sorte que' il me paraît plus voisin de la coquille de Paris et probablement identique. Mais je ne suis pas tout à fait sûr de son identification.
Loc. Lavacille.

Dentalium simplex Michtti?

Michelotti Et. Mioc. Inf. p. 136, pl. 13, f. 12-13.

Un exemplaire douteux, qui ressemble à la figure 13 représentant un individu de Dego.
Loc. Romano.

GASTEROPODA

Cypræa media Desh.

Pl. 5, f. 106-107 Mut. Fuchsi De Greg. f. 108-109 Mut. propeangusta De Greg. f. 110 Mut. turgidiuscula De Greg.

Deshayes Coq. Paris 1 éd. pl. 95, f. 37-38.

Je rapporte à cette espèce les trois mutations qui suivent.

Mut. *Fuchsi* De Greg. Pl. 5 f. 106-107 (Fuchs Vicent. pl. 8, f. 23-24 *C. splendens* Grat). Je rapporte à l'espèce de Deshayes l'exemplaire figuré par M͏ʳ Fuchs sous le titre de *C. splendens*, car il ressemble extrêmement à l'espèce typique. Quant à la *C. splendens* Grat., je dois observer que la figure qu'en a donné Grateloup est si mal exécutée qu'on ne peut pas en former aucune idée exacte.

J'ai examiné un échantillon tout à fait semblable de la figure de M͏ʳ Fuchs qui représente un exemplaire de S. Gonini.
Loc. Lavacille.

Mut. *turgidiuscula* De Greg. Pl. 5, f. 110. Cette variété se distingue par sa forme plus trapue et globuleuse.
Loc. Lavacille.

Mut. *propeangusta* De Greg. Pl. 5, f. 108-109. Cette mutation se distingue par sa forme plus étroite. Elle ressemble beaucoup à la *C. angusta* Fuchs de Sangonini (Fuchs Vicent. p. 47, pl. 8, f. 21-22). Elle en diffère par l'ouverture plus médiane et par le labre externe non marginé.
Loc. Lavacille.

Cypræa marginata Fuchs.

Pl. 5, f. 111.

Fuchs Vicent. p. 48, pl. 8, f. 25-26.

J'en ai examiné un exemplaire, qui ressemble beaucoup au type de l'espèce qui provient de Sangonini.
Loc. Lavacille.

Fusus polygonus Lam.

Pl. 5, f. 112.

Var. raricostatus De Greg.

Deshayes Coq. Paris 1 éd. p. 563, pl. 71, f. 5-6.

Brongnart Vicent. pl. 4, f. 3 a tantum.

Deshayes Bassin Paris 2 éd. p. 286.

Mr Brongnart rapporta à cette espèce deux exemplaires f. 3 *a*, *b*. — Mr Schauroth (Coburg p. 236, pl. 25, f. 3) décrit un exemplaire de Castelgomberto sous le titre de *Fusus rarispinatus* Schaur il lui rapporte la fig. 3 *b*, de Brongnart. Il oublia naturellement que déja M[r] D'Orbigny (Prodr. v. 2, p. 317) avait proposé pour ce même exemplaire le titre de *M. roncanus* qui a le droit de priorité. — M[r] D'Orbigny ne proposa pas ce nom pour la fig. 3 *a*, qui ressemble davantage du *Fusus polygonus* Lam. Néanmoins, ayant comparé cette figure avec l'espèce typique de Paris (Deshayes Paris 1 éd. pl. 71, f. 5-6) je trouve qu'elle en diffère à cause des côtes que dans la forme vicentine sont beaucoup plus rares. Elles sont 5 ou au maximum 6 dans le dernier tour. C'est pour ça que j'ai proposé cette variété. Cette espèce se trouve à Ronca.

Loc. Lavacille.

Costulofusus De Greg.

$=$ Lyrofusus De Greg. non Conr.

Dans mon ouvrage " 1880 Monogr. Faun Eoc. S. Ilarione p. 90, je proposai ce genre pour les espèces du type de *F. scalarinus* Lamk. (*subscalarinus* D'Orb., *lyra* Beyr., *brevicauda* Phil., *scalariniformis* Nyst etc.). Ce titre a été adopté par M. Cossmann comme une section du genre Siphonalia (1889 Cossmann Cat. Illustr. coq. foss. p. 156). Mais malheureusement il avait été préalablement proposé par Conrad pour les coquilles du type *Fusus thoracicus*. Le genre Lyrofusus Conr. n'a été soutenu par les auteurs, mais il est cité dans le manuel de Tryon (Struct. Syst.) comme douteux " genus not characterized. „ Comme Mr Cossmann (Notes complémentaires Alabama N. 32) a repris le nom de Lyrofusus dans le sens de Conrad en lui référant le *Fusus Missipiensis*, le nom de mon sous genre fait une double emploi et on le doit changer, ce que j'ai fait.

Fusus (Costulofusus) scalarinus Lam.

Var. Hilarionis De Greg.

Pl. 5, f. 113-114.

De Gregorio Monogr. Fauna S. G. Ilarione p. 90, pl. 5, f. 40-41, pl. 7, f. 49.

Je me rapporte à ce que j'ai dit à propos de cette espèce dans l'ouvrage cité. L'exemplaire de Lavacille, que j'ai examiné, est très bien conservé. — Or je dois observer que j'ai fait figurer deux exemplaires; Mr Cossmann (Cat. Illust. v. 4, p. 157) rapporte les fig. 40-41 (Pl. 5) à *Fusus (Siphonalia) angusticostata* Mell. — De mon côté je suis d'opinion qu'il est alsolument impossible de rapporter à deux espèces les individus que j'ai figurés. Les différences présentés par les fig. 40-41 sont causées par l'usure ou par la mauvaise conservation. Tout au plus peut on la considérer comme une variété. D'ailleurs, en comparant nos figures Pl. 5 f. 40-41 et Pl. 7, f. 49 avec la figure de Melleville, dont je possède l'ouvrage original (Sables infér. pl. 9, f. 9-10) je trouve que notre figure 49 est même plus voisine à l'exemplaire de Melleville que la fig. 40-41, mais les côtes de notre mutation sont un peu plus nombreuses et plus lyriformes.

Loc. Lavacille.

Pleurotomaria sp.

Je n'en ai examiné qu'un moule en mauvais état de conservation. Il rappelle en certaine manière la *Pl. humilis* Shaur de Brendola (Shauroth Coburg p. 222, pl. 23, f. 2), mais il est plus déprimé et il a la spire obtuse.

Loc. San Bovo.

Conus diversiformis Desh.

Pl. 51, f. 115.

Quelques exemplaires en bon état de conservation. Cette espèce a été trouvée à Gnata, Salcedo, Castelgomberto etc.

Je crois que le *C. planus* Schaur. de Castelgomberto est une de ses variétés.

Loc. Lavacille.

Conus alsiosus Brongt.

Var. Lavacillensis De Greg.

Pl. 5, p. 116.

Brongnart Vicent. pl. 3, f. 3; — Fuchs Vicent. pl. 7, f. 10-11.

La variété, pour laquelle j'ai proposé le nom de *Lavacillensis*, diffère de l'espèce typique par sa forme plus courte, ayant le dernier tour et la spire plus courts que dans le type de Brongnart.

Loc. Lavacille.

Triton (Semiranella) Valrovinensis De Greg.

Pl. 5, f. 117.

Testa ovata, elegans, crassiuscula; anfractus convexi, spiraliter triseriatim granulosi; ex cingulis granulorum medianus major quam alii, subcariniformis; varices potius crassae, prominulae, in tres series alternantes dispositae; ultimus anfractus multis cingulis granulosis ornatus.

L. 60^{mm}

C'est une très belle et grande espèce, qui rappelle certaines variétés du *Tr. nodiferus* (gyrinoides Brocc. De Greg.)
Loc. Valrovina.

Triton bicinctum Desh.

Pl. 5, f. 118-119 un peu gross.

Un exemplaire tout à fait identique à l'espèce typique telle qu'elle a été décrite et figurée par Deshayes (Coq. Paris 1° éd. pl. 80, f. 33-35). Seulement il a une taille un peu plus grande, car il mesure 25^{mm}; certaines variété du cette espèce ressemblent beaucoup au *Tr. Delbosi* Fuchs (Vicent. p. 9, f. 7) et peut être se confondent avec celui-ci. Le *Delbosi* se trouve à Sangonini.

Loc. Lavacille.

Strombus irregularis Fuchs?

Fuchs Vicent. p. 13, pl. 2, f. pl. 3, f. 1.

Je rapporte avec quelque doute à cette espèce un moule, qui lui ressemble beaucoup. Il provient de Castelgomberto.
Loc. San Michele.

Natica auriculuta (Grat.) Fuchs.

Fuchs Vicent. pl. 10, f. 23-24.

Nos exemplaires ressemblent beaucoup à ceux de Fuchs. On en trouve à Castelgomberto, Mt Viale etc. etc.
Loc. Romano.

Natica crassatina Lam.

J'en ai examiné quelques exemplaires i'identification desquels me parait sure. Cette espèce se retrouve à Castelgomberto, Mt Viale etc.
Loc. S. Michele, Lavacille.

Natica scaligera Bayan.

Bayan Et. Coll. Mines 2 fasc. p. 99, pl. 14, f. 3. — *Ampullaria spirata* Brongt Vicent. p. 58, Schauroth Coburg p. 256, pl. 28, f. 2. *Natica spirata* Bronn, Michelotti, Fuchs.

J'ai eu dans mes mains quatre exemplaires, la détermination desquels, me paraît certaine. On trouve cette espèce à Gnata, S. Gonini, Bormida etc.

Loc. Lavacille.

Natica sp.

Un moule en mauvais état de conservation, qui rappelle la *N. sigaretina* Desh.

Loc. Romano.

Turbo Asmodei Brongt.

Pl. 5, f. 120-121.

Brongnart Vicent. p. 53, pl. 2, f. 3. — Fuchs Vicent. p. 60, pl. 10, f. 33-34.

J'en ai examiné plusieurs exemplaires de San Bovo qui ressemblent extrémement aux exemplaires de San Gonini figurés par Fuchs.

Loc. San Bovo. — San Michele (moules).

Turbo sp.

(Operculum)

Je crois que l'opercule figuré doit appartenir à l'espèce précédente.

Loc. San Bovo.

Turbo elatus Fuchs.

Fuchs Vicent. pl. 2, f. 12-13.

Je rapporte à cette espèce un moule qui ressemble beaucoup à l'exemplaire de Mͬ Fuchs, ayant seulement une plus grande taille. Cette espèce a été retrouvée à Mͭ Viale.

Loc. San Michele.

Trochus lucasianus Brongt.

Brongnart Vicent. p. 55, pl. 2, p. 6, Schauroth Coburg p. 223, pl. 22, f. 5. Fuchs Vicent. p. 24, pl. 3, f. 19-20.

L'exemplaire figuré par Schauroth répond bien à la figure typique, tandis-que celui de Fuchs est une variété *(trigranulatum* De Greg.). Le type a les tours pourvus de deux rangées de granules costiformes interrompues par un sillon médian. J'ai examiné quelques exemplaires typiques de S. Bovo.—A S. Michele on retrouve la variété *obliquecostulatum* De Greg. qui a les tours pourvus de costules obliques en lesquelles les granules sont entièrement transformés. Dans mon ouvrage sur la faune éocénique de S. Ilarione j'ai fait figurer ces variétés. Cette espèce est typique de la faune de Castelgomberto.

Loc. San Bovo. — San Michele.

Turritella gradataeformis Schaur.

(imbricataria Lam. aff.)

Pl. 5, f. 122-124.

1865. Schauroth Coburg. p. 248, pl. 26, f. 2. — (*Norrisia anaulax* Coss. 1892)?

Testa subulata, turrita, solidiuscula; anfractus in medio concavi, spiraliter finissime dense plus minusve lineolati, quatuor vel quinque lirati; lirae subgranulosae, plus minusve obsoletae; suturae profundissimae atque late canaliculatae.

L. 40ᵐᵐ Aug. sp. 14°

Cette espèce ressemble à la *T. circumdata* Deshayes (Bassin 2° éd. pl. 14 , f. 14-15) et plus encore à certaines variétés de la *T. imbricataria* Lamk (Deshayes Paris 1° éd. pl. 35, f. 2); mais elle en diffère par les sutures beaucoup plus profondes et pas imbricées. La figure typique de l'*imbricataria* di Lamarck (Lamarck Coq. Paris pl. 37 f. 27) est très différente de nos échantillons.

Il est probable que la *Norrisia anaulax* Coss. (Cossman Cat. Ill. v. 5, p. 42, pl. 3 , f. 71) doit être considérée comme sa variété ou bien comme son representant dans le Bassin de Paris.

Auparavant j'avais cru que c'était une espèce différente de la gradataeformis et je l'avais nommée *Bovensis;* mais en suite ayant mieux étudié l'espèce de Schauroth je me suis convaincu de son identité avec l'espèce de Priabona.

Loc. San Bovo.

Turritella carinifera Desh.

Var. subnova De Greg.

Pl. 5, f. 125.

Testa turrita, cylindroides; anfactus antice paulo inflati, postice subconcavi; spiraliter lirati ; lirae circiter quatuor, crenulatæ; ex iis antica magna, carineformis.

L. 70^{mm} An. sp. 14°

Nos exemplaires rappellent la *T. asperula* Brongt (= *asperulata* Brongt in Fuchs); et plus encore la *carinifera* de Deshayes (Coq. Paris pl. 36, f. 1-2); ils en diffèrent par la forme des tours et la carène.

Loc. San Bovo.

Turritella imbricataria Lamk.

Deux exemplaires douteux.

Loc. Romano.

Turritella sp.

J'ai examiné un exemplaire, qui me paraît appartenir à une espèce nouvelle. Il est trapu, conique, ayant les tours excavés au milieu, convexes antérieurment et postérieurement.

Loc. Romano.

Cerithium sp.

Quelques moules mal conservés qui rappellent la *Turritella incisa* Brongt , mais qui en diffèrent ayant quelques tubercules dans la partie postérieure des tours, de sorte que je crois qu'ils est plus probable qu'ils eussent dû appartenir au gen. Cerithiun.

Loc. S. Bovo.

Cerithium lamellosum Brug.

Je rapporte à cette espèce un exemplaire de Lavacille qui ressemble beaucoup aux exemplaires de Paris. Seulement il me paraît un peu plus trapu. Il ressemble beaucoup au *C. Ighinai* Michtti (Michelotti Mioc. inf. p. 125, pl. 13 , f. 3-4), de sorte que je crois qu'on doit considérer cette espèce comme une mutation du lamellosum. Les exemplaires figurés par Mr Fuchs. (Vicentin p. 20, pl. 6, f. 20-23) s'en éloignent un peu.

Loc. Lavacille.

Delphinula scobina Brongt.

Pl. 5, f. 126.

Turbo scobinus Brongt Vicent. p. 53, pl. 2, f. 7. — Basterot (Delphinula) Bordeaux p. 27.—Grateloup (idem) Adour pl. 12, pl. 12-14. — Michelotti Mioc. inf. p. 93 (Turbo) — Fuchs Vicent. p. 25 (Delphinula).

J' en ai examiné quelques exemplaires la détermination desquels me semble sure.
Loc. San Bovo.

Delphinula latesulcata De Greg.?

Pl. 5, f. 127-128.

Testa lata, obtusa, subturbiformis; spiraliter late profunde sulcata.

Cette espèce se distingue de ses congenères éocéniques par sa taille et par ses sillons. Elle rappelle beaucoup la *D. scobina* Brong et plus encore la *D. multisulcata* Schanr. de Castelgomberto (Shauroth Coburg p. 223, pl. 24, f. 1). Elle s'en distingue par ses sillons beaucoup plus larges, plus rares et plus profonds. Le dernier tour en a seulement 10 compris ceux de la base.

Je n' en ai examiné qu' un moule seulement.
Loc. S. Michele.

Voluta elevata (Sow.) Edw.

Var normalis De Greg.

Pl. 5, f. 129-130.

Je propose de réunir au nom de Sowerby celui de Edwards, car c' est lui qui a rectifié le sens de cette intéressante espéce. Mr Deshayes dans sa 2e édition de son grand ouvrage sur les coquilles de Paris lui paye un tribut de louanges. Je prends pour type de l'espèce la figure de Edwards (Eoc. Moll. pl. 20, f. 2) avec laquelle s'accordent bien les exemplaires de S. Gonini figurés par Fuchs (Vicent. pl. 8 f. 12). — La figure de Deshayes Coq. Paris (pl. 93, f. 10-11) correspond bien à la figure 13-14 de Mr Fuchs et c'est notre var. *normalis*; j' ai examiné de celle-ci un exemplaire de Lavacille. L'exemplaire figuré par Fuchs f. 15-16 rappelle beaucoup certaines variétés de la *V. scalaris* (Edwards Eoc. Moll. pl. 20, f. 5 a) et c'est notre variété *Fuchsi.* L' exemplaire figuré par Fuchs f. 17-18 est notre variété *perelevata.*

Loc. Lavacille (seulement la variété *normalis*).

Rostellaria ampla Brand.

Mut. Lavacillensis De Greg.

Pl. 5, f. 131 (exempl. orig. 19 ^cent- fig. ^15 ccut. ^1/2)

Brander Solander Foss. Haut. pl. 6, f. 26 (Strombus amplus).
Nyst Coq. Belg. pl. 43, f. 5.
Fuchs Vicent. p. 50.
Shauroth Coburg pl. 24, f. 3 (*R. columbaria* Lamk.).

M^r le Prof. A. Balestra possède un grand exemplaire de cette espèce, ayant une longueur de 20 ^cm et un angle spiral de presque 45°. C'est une coquille de grande taille et très épaisse. La spire est aiguë au sommet, concave au milieu. Je crois sans donte qu'on doit référer à la même espèce l'exemplaire de Brendola rapporté par Schauroth à la *R. columbaria* Lam. Celle-ci n'atteint par une dimension aussi considérable. Malheureusement le labre externe est cassé, de sorte qu' on ne peut pas être vraiment sûr de la détermination de cette espèce. Mais d'après les fragments du bord qui restent dans le test il me paraît qu' il ne devait pas être aussi large que dans l'espèce de Brander. Je crois qu' il est très probable que la lèvre externe devait se prolonger jusqu' à l'avant dernier tour et pas plus en arrière, de sorte que ce serait une espèce intermédiaire à l' espèce de Brander et à la *R. athleta* D'Orb. (Deshayes Coq. Paris 2e éd. pl. 91, f. 1-2). — Néanmoins, comme cela n'est qu'une probable conjecture, j'ai cru préférable de la considérer comme une forme de la *R. ampla.*

Loc. Lavacille.

CEPHALOPODA

Nautilus sp. (hilarionis De Greg.)?

Je n'en ai examiné qu'un moule d'une loge qui ressemble à celle du *N. Hilarionis* De Greg. mais on ne peut pas risquer l'identification.

Loc. Valrovina.

VERMES

Serpula spirulaea Lamk.

= *Rotularia cristata* Defr. — *Serpulithes nummularius* Schloth. — *Spirulæa nummularia* Br. — *Vermicularia nummularia* Munst. — *Vermetus spirulaea* Br. Schaur. — *Tubulostium spirulæa* Stol.

Mr Stoliczka (Gast. Ind.) proposa de référer cette espèce au gen. Tubulostium, c'est à dire à une section du gen. *Vermetus*. Mr Schauroth (Coburg) l'a rapporté au gen. *vermetus*. Mr Fischer (Manuel) référa l'opinion de Stoliczka sans se prononcer. Je crois qu'il n'est pas difficile que celui-ci ait raison; mais comme on ne peut pas en assurer, et que cette espèce est connue en tout le monde avec le nom de Lamarck et qu'elle a été même choisie pour désigner un horizon particulier, je crois qu'il est préférable de conserver ce nom.

Les individus, que j'ai examinés, ne laissent aucun doute sur leur identification. Quelques-uns conservent la partie libre du test qui est érigée et proéminente et ressemble beaucoup à la figure donnée par Schauroth (Coburg p. 250 pl. 25, f. 10) représentant une exemplaire de Priabona.

Loc. S. Boro.

CRUSTACEA

Balanus pictus (Münst.) Zitt.

Pl. 5, f. 132-133 (p. 132 plusieurs exempl. sur un fragment de valve de pecten; f. 133 un exempl. isolé).

J'ai examiné quelques exemplaires, qui ressemblent extrêmement à la figure donnée par M^r le Prof. Zittel (Handbuch v. 2, p. 543) sur un exemplaire du miocène de Dischingen. — Un exemplaire, écrasé en se fossilisant, ressemble beaucoup à *B. crassus* Sow. du Falunien de Ipswich; (Sowerby Min. Conch. pl. 84, f. 3-6); mais le test n'est pas épais et par ce régard il se rapproche du *B. tessellatus* Sow.

Loc. Due Santi.

EXPLICATION DES PLANCHES

Pl. I.

Fig. 1-3. Orbitoides papyracea (Boub.) Gümb. Var. Fortisi D'Arch. Fig. 1 gross. trois fois. Fig. 2, gross. quatre fois et dimi. Fig. 3 gross. troi fois et dimi (S. Bovo) p. 9.

Fig. 4-7. Orbitoides subradiata. Cat. sp. Var. Romanincola De Greg. Quatre exempl. gross. trois diamètres (Romano) p. 9.

Fig. 8-9. Orbitoides ephippium (Schloth.) Gümb. F. 8 exempl. orig. 20^{mm} exempl. fig. 16^{mm} F. 9 exempl. orig. 20^{mm} fig. long. 46^{mm} (S. Bovo) p. 9.

Fig. 10-15. Operculina (Frilla) ammonea Leym. Var. Romanensis De Greg. F. 10-14 tous les exempl. grossis trois fois et demi; trois exempl. de Romano et un exempl. de Valle Manin (f. 13). F. 15 bloc de roche de Due Santi avec la même espèce grand. nat. p. 10.

Fig. 16-17. Nummulites laevigata L. var. medioturgidula grand. nat. (S. Bovo) p. 10.

Fig. 18. Nummulites nummularia Brug. sp. Mut. Dufrenoyi D'Arch. sp. gr. nat. (Prinà) p. 11.

Fig. 19-22. Nummulites Ramondi (Defr.) D'Arch. Quatre exemplaires grossis trois fois. F. 19-20 de Romano; F. 21-22 de S. Bovo p. 11.

Fig. 23. Nummulites granulosa D'Arch. emend. Un exempl. gross. un peu plus que deux fois. (S. Bovo) p. 11.

Fig. 24. Nummulites perforata (Dec.) D'Orb. Bloc de roche grand, nat. (Valrovina) p. 12.

Fig. 25-27. Nummulites lucasana Defr. Trois exempl. gross. un peu plus que deux fois (Romano) p. 12.

Fig. 28-29. Trochosmilia stipitata Reuss. Un exempl. de deux côtés en grand. nat. (S. Bovo) p. 13.

Fig. 30-31. Pattalophyllia subinflata (Cat.) D'Acch. Un exempl. de deux côté en grand. nat. (S. Bovo) p. 13.

Fig. 32. Placosmilia bilobata D'Arch. (S. Bovo) p. 13.

Fig. 33. Stylophora conferta Reuss. Un exemplaire gross. deux fois et demi (S. Michele) p. 13.

Fig. 34-35. Cidaris (Lejocidaris) Vernuilli D'Arch. un exempl. grand. nat. de deux côtes. (Valrovina) p. 14.

Fig. 36. Psammechinus Biaritzensis Cott. Un exempl. grand. nat. (S. Bovo) p. 14.

Fig. 37. Caelopleurus equis Val. sp. Un exempl. grand. nat. (S. Michele) p. 14.

Pl. 2.

Fig. 38-39. Echinocyamns (Mer.) Ag. Deux exempl. grossis un peu plus de deux fois (S. Bovo) p. 15.

Fig. 40. Echinolampas subsimilis D'Arch. Un exempl. grand. nat. (S. Bovo) p. 16.

Fig. 41-42. Pentacrinus subbasaltiformis Mill. Var. subrotundus De Greg. Un exempl. vu de face et de côté (Valrovina) p. 17.

Fig. 43. Teredo vermicularis Desh. Bloc de roche avec des moules (Cava Brocchi) p. 17.

Fig. 44-45. Panopaea subrecurva Shaur. F. 44 exempl. typ. de S. Bovo. F. 45 autre exempl. de Valle Manin p. 17.

Fig. 46. Idem Mut. Maninensis De Greg. Valle Manin p. 18.

Fig. 47-49. Idem Mut. captiva De Greg. Un exempl. de trois côtés (Valle Manin) p. 18.

Fig. 50-51. Panopaea decliris Michtti. (Valle Manin) p. 18.

Fig. 52-53. Solen (Latosiliqua) plicatus Schaur F. 52 gr. nat. F. 53 en grand. réduite. (San Michele) p. 18.

Fig. 54-55. Idem Mut. subregularis De Greg. p. 18.

Fig. 56. Solecurtus Deshayesi Desm. (Lavacille) p. 19.

Pl. 3.

Fig. 57. Pinna margaritace Lamk. Var. sublaevigata De Greg. (Valle Manin) p. 19.

Fig. 58. Lucina Bovensis De Greg. (S. Bovo) p. 19.

Fig. 59-60. Pholadomya Michelensis De Greg. (S. Michele) p. 20.

Fig. 61. Pholadomya Konincki Nyst. Var. Maninensis De Greg. (Valle Manin) p. 20.

Fig. 62-63. Crassatella Maninensis De Greg. type Valle Manin p. 20.

Fig. 64. Idem Var. pudicopsis De Greg. (S. Bovo) p. 20.

Fig. 65. Crassatella neglecta Michtti. (Lavacille) p. 21.

Fig. 66. Crassatella trigonula Fuchs. (Lavacille) p. 21.

Fig. 67-67bis, 68. Crassatella Carcarensis Michtti. Un exempl. de trois côtés. (Valle Manin) p. 21.

Fig. 69. Chama calcarata Lamk (S. Bovo) p. 21.

Fig. 70. Astarte corbuloides Michtti. (Lavacille) p. 22.

Fig. 71. Cytherea suberycinoides Desh. (Lavacille) p. 22.

Fig. 72-74. Cardium perplexum De Greg. (Lavacille) p. 23.

Fig. 75. Vulsella angusta Desh. (Valle Manin) p. 23.

Fig. 76. Spondylus cisalpinus (Brongt.) Fuchs (S. Bovo) p. 23.

Fig. 77. Ostrea plicata Defr. (S. Bovo) p. 23.

Fig. 78-80-80bis Ostrea Michelensis De Greg. F. 78 un exempl. du côté extérieur, Fig. 79 le même exempl. en grand reduite p. 24.

Pl. 4.

Fig. 80-80bis Fig. 80 Idem autre exempl. grand. nat. f. 80bis l'autre valve du même exemplaire (S. Michele) p. 24.

Fig. 81-82. Plicatula Bovensis De Greg. Un exempl. de deux côtés (S. Bovo) p. 24.

Fig. 83-85. Pecten arcuatus (Bron.) Fuchs. Fig. 83 type (Valle Manin). Fig. 84 la valve inférieure (S. Michele). Fig. 85 idem exempl. douteux (Romano) p. 24.

Fig. 86. Pecten Meneguzzoi Bayan (S. Michele p. 25.

Fig. 87. Pecten optatus Desh (S. Bovo) p. 25.

Fig. 88. Pecten palmatus (Lamk.) Goldf. Var. simplex Michtti sp. (S. Michele) p. 25.

Fig. 89-90. Pecten verrucopsis De Greg. Un exempl. de deux côtés (S. Michele) p. 26.

Fig. 91-95. Pecten deletus Michtti. Fig. 91 type Cruccolo; fig. 92 Mut. solariopsis De Greg. (Cava Brocchi); f. 93 Mut. Boueiformis Schaur. (Due Santi); fig. 94 Mut. postprotractum De Greg.; fig. 95 Mut. bisdepressum De Greg. (S. Michele) p. 26.

Fig. 96. Pecten Cruccolensis De Greg. (Cruccolo) p. 27.

Fig. 97-99. Pecten Parisiensis Desh. Var. Bovensis De Greg. Fig. 97-98 deux exempl. (S. Bovo); fig. 99 de Romano p. 27.

Fig. 100. Pecten Laudunensis Desh. (Valle Manin) p. 27.

Fig. 101-103. Pecten (Amussium) cristatum Bronn ? Trois exempl. (Cava Brocchi) p. 27.

Fig. 104. Idem Mut. Cavabrocchensis De Greg. (Cava Brocchi) p. 27.

Pl. 5.

Fig. 105. Dentalium absconditum Desh. exempl. orig. 15^{mm}, fig. 19^{mm} p. 28.

Fig. 106-107. Cypræa media Desh. Mut. Fuchsi. Un exempl. de deux côtés (Lavacille) p. 28.

Fig. 108-109. Idem. Mut. propeangusta De Greg. (Lavacille) p. 28.

Fig. 110. Idem Mut. turgidiuscula De Greg. Un exempl. grossi $^1/_4$ (Lavacille) p. 28.

Fig. 111. Cypræa marginata Fuchs un peu gross. (Lavacille) p. 28.

Fig. 112. Fusus polygonus Lamk. var. raricostatus De Greg. exempl. orig. long. 15^{mm}, fig. 20^{mm} p. 28.

Fig. 113-114. Fusus (Lyrofusus) scalarinus Lamk. (Lavacille) p. 29.

Fig. 115. Conus diversiformis Desh (Lavacille) p. 29.

Fig. 116. Conus alsiosus Brongt. Var. Lavacillensis De Greg. un peu gross. (Lavacille) p. 30.

Fig. 117. Triton (Semiranella) Valrovinensis De Greg. (Valrovina) p. 30.

Fig. 118-119. Triton bicinctum Desh. un peu gross. (Lavacille) p. 30.

Fig. 120-121. Turbo Asmodei Brongt. (S. Bovo) p. 31.

Fig. 122-124. Turritella gradataeformis Shaur. De Greg. Trois exemplaires gross. $1 : 1 + \frac{1}{3}$ (S. Bovo) p. 31.

Fig. 125. Turritella carinifera Desh. Var. subnova De Greg. gross. $1 : \frac{2}{3}$ (S. Bovo) p. 32.

Fig. 126. Delphinula scobina Brongt. (S. Bovo) p. 32.

Fig. 127-128. Delphinula latesulcata De Greg. (S. Michele) p. 33.

Fig. 129-130. Voluta elevata (Sow.) Edw. Var. normalis De Greg. (Lavacille) p. 33.

Fig. 131. Rostellaria ampla Brand. Var. Lavacillensis De Greg. exempl. orig. 19 cent. $\frac{1}{2}$, fig. 15 cent. $\frac{1}{2}$. (Lavacille) p. 33.

Fig. 132-133. Balanus pictus (Münst.) Zitt. fig. 132 plusieurs exemplaires sur un gros fragment de pecten; fig. 133 un exempl. isolé (Due Santi) p. 34.

INDEX ALFABÉTIQUE

Les noms des genres sont suivis indifféremment par ceux des espèces ou des mutations. Les numéros indiquent les pages dans lesquelles les espèces sont citées; ceux accompagnés par un! indiquent les pages dans lesquelles elles sont décrites ou proposées.

Actinocylina Romanincola De Greg. 6, 9!
    „ subradiata Cat. 6, 9!
Alectryonia alticostata Frausc 24.
Astarte corbuloides Michtti 7, 22.
Ampullaria spirata Brongt. 30.
Amussium cristatum Bronn. 7, 27!
Balanus crassus Sow. 34.
    „ pictus Münst 8, 34!
    „ tessellatus Sow. 34.
Brissopsis Sowerbyiformis Schaur 16.
Caelopleurus Azassizi 14.
    „ Delbosi Des. 14.
    „ equis Val. 6, 14!
    „ Forbesi D'Arch. 15.
Camerina laevigata Brug. 10.
    „ nummularia Brug. 6, 11.
Cardita Jouanneti Bast. p. 8.
    „ Laurae Brongt. 7, 22!
    „ neglecta Michtti. 22.
Cardium anomale Math. 5, 7, 23!
    „ asperulum Lam. 5.
    „ fallax Michtti, 7, 23!
    „ limaeformis D'Arch. 19.
    „ Pasinii Schaur. 5, 23.
    „ Poleanum Schaur. 5.
    „ perezeformis Schaur. 24.
    „ perplexum De Greg. 7, 23!
    „ subdiscors D'Orb. 23.
Cassis striata Sow. 4.
Cerithium combustum Brongt 4.
    „ corrugatum Brongt. 4.
    „ Ighinai Michtti 32.
    „ lamellosum Brug. 8, 32.
    „ Maraschini Brongt 4.
    „ Meneguzzoi Fuchs 4.
Chama calcarata Lamk. 6, 21!
    „ gigas Desh. 21.
    „ Vicentina Fuchs 21.
Cidaris coronalis Klein 14.
    „ pseudojurassica Laub. 14.
    „ Scampicii Tar. 14.
    „ Verneuilli D'Arch. 6, 14!
Clavagella sp. 17.

Conus alsiosus Brongt 4, 7, 30.
    „ Lavacillensis De Greg. 7, 30.
    „ diversiformis D'Arch. 4, 29!
Costulofusus De Greg. 29!
    „ Hilarionis De Greg. 7, 29!
    „ scalarinus Lam. 7, 29!
Crassatella carcarensis Michtti 6, 21!
    „ Lavacillensis De Greg. 6, 21!
    „ Marinensis De Greg. 6, 20.
    „ neglecta Michtti 5, 6, 21!
    „ ponderosa Nyst 5.
    „ sulcata Brand. 6, 21!
    „ trigonula Fuchs 5, 6, 21!
Cypræa angusta Fuchs 4, 7, 28.
    „ Fuchsi De Greg. 7, 28!
    „ marginata Fuchs 4, 7, 28!
    „ media Desh. 7, 28!
    „ propeangusta De Greg. 7, 28!
    „ turgidiuscula De Greg. 7, 28!
    „ splendens Grat. 4.
Cyprina brevis Fuchs 7, 17.
Cyrena Baylei Brongt 5.
Cytherea compressa Fuchs 7, 22!
    „ dubia Michtti 7, 22!
    „ erycinoides Lam. 5.
    „ intermedia Michtti 7, 22!
    „ suberycinoides Desh. 7, 22.
Delphinula latesulcata De Greg. 8, 33!
    „ scobina Brongt 8, 32!
Dentalium sp. 5.
    „ absconditum Desh. 7, 28!
    „ simplex Michtti 7. 28!
Diastoma costellata Lamk. 5.
Discolithes nummiforme Fort. 11.
    „ numismale Fort. 10.
Eburna Caronis Brongt 4.
Echinantus Beggiatoi Laub. 16.
    „ Wrightti Laub. 46.
Echinocyamus affinis Desh. 15.
    „ Annonii Mer. 6, 15!
    „ Luciani De Lor. 15.
    „ planulatus D'Arch. 15.
    „ subcaudatus Ag. 15.

Echinolampas globulus Laub. 16.
    „ subsimilis D'Arch. 6, 16!
    „ Suessi Laub. 16.
Echinus nitidus Koen 14.
Egeon perforatus Den. 12.
Euspatangus multituberculatus Dan. 6, 16
Fasciolaria lugensis Fuchs 4.
Fibularia Annonii Mer. 15.
Ficula condita Brongt 4.
Frilla ammonea Leym. 6, 10!
    „ canalifera D'Arch. 10.
    „ granulosa Leym. 10.
    „ Terrigi Tell. 10.
    „ libyca Schw. 10.
Fusus angusticostatus Mell. 29.
    „ Hilarionis De Greg. 7, 29!
    „ polygonus Lam. 7, 28!
    „ raricostatus De Greg. 7, 28!
    „ Roncanus Brongt 4.
    „ scalarinus Lam. 7, 29!
    „ subcarinatus 4.
Helicites lenticularis Burt. 10.
    „ perforatus Blainv. 12.
Hymenocyclus cymbalus Schaf. 9.
    „ papyraceus Bronn. 9.
    „ umbo Schaf. 9.
Ianira deperdita Mich. 24.
    „ fallax Mich. 24.
Ilarionia Beggiatoi Laub. 6, 16!
Laganum fragile Dam. 15.
Latosiliqua plicatus Schaur. 6, 18.
    „ subregularis De Greg. 4, 18!
Leiocidaris pseudojurassica Laub. 14.
    „ Scampicii Tar. 14.
Lenticulites laevigata Park. 10.
Lucina grata Defr. 6, 19!
    „ Bovensis De Greg. 6, 19!
Lunulites subradiata Cat. 9.
Lutraria acutangula Michtti 6, 17.
Lycophris ephippium Grant. 9.
Lyrofusus De Greg. 29.
Mactra sirena Brongt 5.
Melania Stygii Brongt 5.

Natica augustata Grat. 4.
» auriculata Grat. 4, 7, 30!
» crassatina Laub. 7, 30!
» Pasinii Bayan 4.
» perusta Brongt 4.
» scaligera Bayan 4, 7, 30!
» sigaretina Desh. 31.
» Vulcani Brongt 4.
Nautilus sp. 34.
» Hilarionis De Greg. 8, 34!
» mamilla Fitch. 11.
Norrisia anaulax Coss. 31, 32.
Nucula similis Sow. 5.
Nummularia laevigata Parch. 10.
Nummulina complanata Lam. 11.
» ephippium Pusch. 9.
» globularia D'Orb. 10.
» globularia Lam. 12.
» globosa Rüt. 12.
» onychomorpha Cat. 9.
» perforata D'Orb. 12.
Nummulites aturica Leym. 12.
» Budensis Hant. 10, 11.
» complanata Lamk. 11.
» crassa Bon. 12.
» Dufrenoyi D'Arch. 6, 11!
» ephippium Kef. 9.
» globularia Defr. 10, 11.
» globulus Leym. 11.
» Guettardi D'Arch. 11.
» granulosa D'Arch. 6, 12!
» laevigata Brug. 6, 10!
» lenticularis Blainv. 10.
» lenticularis Rou. 12.
» Lucasana Defr. 6,9,11,12.
» maxima Cat. 11.
» mamilla D'Orb. 11.
» millecaput Boub. 11.
» Murchisoni Bron. 10.
» nummularia Brug. 6, 11!
» perforata Den. 6, 12!
» placentula Desh. 12.
» plana De Rois 11.
» Pratti Micht. 9.
» Ramondi Defr. 6, 11!
» rhomboidalis Schaf. 10.
» rotula Defr. 10.
» rotularius Desh. 11.
» spissa Defr. 12.
» Terrigii Tell. 10.
» umboreticulatus Schaf. 11.
» variolaria Lam. 6, 12.
» verrucosa Rois 12.
Operculina ammonea Leym. 6, 10!
» canalifera D'Arch. 10.
» complanata Bast. 10.
» granulosa Leym. 10.
» libyca Schw. 10.

Operculina Terrigii Tell. 10.
Orbitoides discus Kauf. 9.
» ephippium Schlot. 9!
» Fortisi D'Arch. 6, 9!
» papyracea Baub. 6, 9!
» Pratii Carp. 9.
» radians D'Arch. 9.
» sella D'Arch. 9.
» subradiata Cat. 6, 9!
» tenuicostata Gümb. 9.
Orbitulites nummiforme Cat. 9.
» parmula Rüt. 9.
» roncana Cat. 9.
» submedia D'Arch. 9.
Orbitolites discus Rüt. 9.
» ephippium Schloth. 9.
» Fortisi D'Arch. 9.
» sella D'Arch. 9.
» submedia Bon. 9.
Ostrea alticostata Fausch. 24.
» arcuata Brocc. 24.
» flabelluliformis Schaur 5.
» Martinsi Schaur 24.
» Michelensis De Greg. 7, 24!
» plicata Defr. 7, 23.
Panopaea angusta Nyst. 17.
» captiva De Greg. 6, 18!
» declivis Michtti 6, 18!
» Héberti Bosq. 17.
» Maninensis De Greg. 6,18!
» subrecurva Schaur. 6, 17!
Parasmilia multilobosa Bell. 5.
Pattalophyllia subinflata Cat. 6, 13!
Pecten arcuatus Bron, 7, 24!
» Biaritzensis D'Arch. 25.
» Bouciformis Schaur 7, 16!
» Cavabrocchiensis De Greg.7,27!
» comitatus Font. 27.
» corneus Sow. 27.
» crestensis Font. 25.
» cristatum Bronn. 7, 25!
» Cruccolensis De Greg. 7, 27.
» deletus Michtti 7, 26! 27.
» denudatus Reuss 27.
» Gauderndorfensis De Greg. 25.
» Gravesi D'Arch. 25.
» imbricatus Desh. 25.
» lychnulus Font. 24.
» Laudunensis Desh 7, 27!
» bisdepressum De Greg. 7, 27!
» Menegazzoi Bayan 5, 7, 25!
» Michelotti D'Arch. 24.
» oprcularis Lamk. 25.
» optatus Desh. 7, 25.
» palmatus Lamk. 7, 25! 26.
» Parisiensis D'Orb. 7, 25!
» scabriusculus Nyst. 25.
» solariopsis De Greg. 7, 26!

Pecten solarium Lamk. 27.
» subscabriusculus D'Orb. 25.
» tripartitus Desh. 25.
» verrucopsis De Greg. 7, 26.
Pectunculus sp. 6, 21!
Pentacrinus subbasaltiformis Mill. 6,17!
Pholadomya Koninckii Nyst. 6, 20!
» Maninensis De Greg. 6,20!
» Michelensis De Greg. 6,20!
» ludensis Desh. 20.
» quaesita Mich. 20.
Pinna margaritacea Lamk. 6, 19!
» semiradiata Koenen 19.
» sublaevigata De Greg. 6, 19!
Placosmilia bilobata D'Arch. 13!
Pleurotomaria sp. 4, 29!
» humilis Schaur. 29.
Plicatula Borensis De Greg. 7, 24!
Porites sp. 5.
Psammobia pudica Brongt. 5, 6, 19, 20.
» pudicopsis De Greg. 6, 20!
Psammechinus Biaritzensis Cott. 14.
Ranella Hörnesi Fuchs 4.
Rhabdocidaris pseudajurassica Laub.14.
Rhabdophyllia sp. 13.
Rostellaria ampla Brand 8, 33!
» athleta D'Orb. 33.
» Lavacillensis De Greg. 8,33.
Rotularia cristata Defr. 34.
Schizaster globulus Dam. 6, 16!
Serpula tortrix Münst. 17.
» spirulaea Lamk. 8, 34!
Serpulithes nummularius Schloth 34.
Serpulorbis limoides Bell. 4.
Sismondia Logotheti Fraas 15.
» planulata D'Arch. 15.
» rosaceus Lesk. 15.
» Saemani De Lor. 15.
» vicentina Laub. 15.
Solecurtus Deshayesi Desh. 6, 19!
Solen plicatus Schaur. 5, 18.
» strigillatus Defr. 19.
» subregularis Schaur. 18.
Spirulaea nummularia Br. 34.
Spondylus cisalpimus Brongt 7, 23!
» radula Lamk. 23.
Stylophora conferta Reuss 6, 13!
Strombus Fortisi Brongt 4.
» irregularis Fuchs 7, 30!
Terebratula sp. 5.
Teredo vermicularis Desh. 6, 17!
Triton bicinctum Desh. 7, 30!
» Delbosi Fuchs 30.
» gyrinoides Brocc. 30.
» nodiferus Lam. 30.
» Valrovinensis De Greg. 7, 30!
Tritonium Delbosi Fuchs 4.
Trochosmilia profunda Reuss 13.

40

Trochosmilia stipitata Reuss 6, 13!
     „   varicosa Reuss 5, 13.
Trochus Lucasianus Brongt 8, 31!
    „ obliquecostulatum De Greg.31.
    „ trigranulatum De Grég. 31!
Turbinolia appendiculata Brongt. 5.
    „   subbilobata Cat. 13.
    „   subinflata Cat. 13.
    „   turgidula Cat. 13.
Turbo Asmodei Brongt. 7, 31!
    „ elatus Fuchs 7, 31!
    „ scobinus Brongt. 4, 32.

Turritella Archimedis Brongt. 4.
    „   asperula Brongt. 4, 32.
    „   asperulata Brongt. 32.
    „   Bovensis De Greg. 32.
    „   carinifera Desh. 8, 32!
    „   circumdata Desh. 32.
    „   gradataeformis Shaur. 8, 41.
    „   imbricataria Lam. 31, 32.
    „   incisa Brongt. 4, 32.
    „   subnova De Greg. 8, 32.
Venus intermedia Michtti 7, 22.
    „ Maura Brongt 22.

Venus Proserpina Brongt. 5.
Vermetus spirulaea Br. 34.
Vermicularia nummularia Munst. 34.
Voluta elevata Sow. 4, 8, 33!
    „ Fuchsi De Greg. 33.
    „ normalis De Greg. 8 33!
    „ perelevata De Greg. 33.
    „ scalaris Edw. 33.
Vulsella angusta Desh. 7, 23!
Venericardia Laurae Brongt. 22.

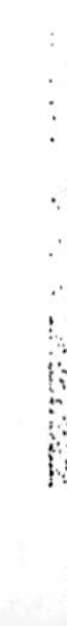

38
39
40
41
42
43
44
45
46
47
48
49
50
56
50
51
55
51
52
53

Les Annales de Géologie et de Paléontologie paraissent par livraisons à intervalles pendant l'année. Le prix de chaque livraison dépend du nombre des planches.

Pour les souscripteurs il est de 3 fr. à planche, c'est à dire qu'une livraison, qui aura coûtera 6 fr., si elle aura 3 pl. coûtera 9 fr. et ainsi de suite. — Si la livraison ne contiendra aucune planche, son prix sera de 1 fr. chaque 8 pages.

Pour les non souscripteurs le prix de chaque livraison est de 4 fr. à 6 fr. à planche, selon l'importance de la livraison. Si la livraison ne contiendra aucune planche, son prix sera de chaque 8 pages.

Une fois par an sera publié un bulletin où seront annoncés tous les ouvrages envoyés directeur (à Palerme, Rue Molo) et il sera délivré gratis aux donateurs.

Les planches seront exécutées toujours avec grand soin et tirées sur de très-beau papier. — S'il y en aura in folio (c'est a dire doubles) le prix sera proportionnément doublé.

Depuis le 1er Janvier 1886 jusqu'au mois de Janvier 1894 13 livraisons ont été publiées.

1. Monographie des fossiles du sous-horizon ghelpin De Greg., avec 5 pl.
   Prix : 15 fr. pour les abonnés, 20 fr. pour le public.

2. Monographie des fossiles du sous-horizon grappin De Greg., avec 6 pl.
   Prix : 18 fr. pour les abonnés, 25, pour le public.

3. Nouveaux fossiles des « Stramberg Schichten » de Roveré di Velo, avec 1 pl. in folio
   Prix : 6 fr. pour les abonnés, 10 fr. pour le public.

4. Essai paléontologique à propos de certains fossiles da la contrée Casale-Ciciù, avec 1 pl.
   Prix : 2 fr. pour les abonnés, 5 fr. pour le public.

5. Monographie des fossiles de S. Vigilio du sous-horizon grappin De Greg., avec 14 pl.
   Prix : 42 fr. pour les anonnés, 60 fr. pour le public.

6. Iconografia Conchiologia Mediterranea gen. Scalaria, avec 1 pl.
   Prix : 3 fr. pour les abonnés, 5 fr. pour le public.

7. Monographie de la Faune éocénique de l'Alabama. — 1.re Partie. — Pag. 1-156, pl. 1-17.
   Prix : 51 fr. pour les abonnés, 68 fr. pour le public.

8. Idem 2.me Partie. — Pag. 157-316, pl. 18-46.
   Prix : 87 fr. pour les abonnés, 116 pour le public.

9. Iconografia Conchiologia Mediterranea gen. Fissurella, Emarginula, Rimula avec 3 pl.
   Prix : 9 fr. pour les abonnés, 12 fr. pour le public.

10. Description de certains fossiles extramarins du Vicentin avec 2 pl.
    Prix : 6 fr. pour les abonnés, 8 fr. pour le public.

11. Iconografia Conchiologia Medit. viv. e terziaria, Muricidae 1.re Partie, Tritoninae 1.re Partie avec 5 pl.
    Prix : 15 fr. pour les abonnés, 20 fr. pour le public.

12. Notes complémentaires Faune Alabama avec 2 pl.
    Prix : 6 fr. pour les abonnés, 8 fr. pour le public.

13. Description des faunes tert. Vénétie; Fossiles des environs de Bassano avec 5 pl.
    Prix : 15 fr. pour les abonnés, 20 fr. pour le public.